Müssen Sie als Christ Mitweltschützer sein?

Natürliche Quelle im Nordschwarzwald

G.A.Ulmer

Müssen Sie als Christ Mitweltschützer sein?

Hat die Schöpfung noch eine Zukunft?

Günter Albert Ulmer Verlag · Tuningen

Postfach 40 · Hauptstraße 16
7201 Tuningen
Telefon 0 74 64/15 83

Text,
Umschlaggestaltung,
Layout,
Foto-Aufnahmen:
G. A. Ulmer

Druck:
Rottenburger Druckerei GmbH,
Postfach 4 · Reiserstraße 2,
7407 Rottenburg am Neckar 1,
Telefon 0 74 72 / 30 11

ISBN 3-924191-38-7

Inhaltsverzeichnis

Nordseehafen Rotterdam (Holland)

Einleitung

Am Ende des 20. Jahrhunderts stehen wir alle vor der Aussicht auf eine weltweite Naturkatastrophe. Waldsterben, Robbensterben, Ozonloch sind Alarmzeichen einer globalen Bedrohung.

Die Luft, die wir zum Atmen brauchen – wir können keine fünf Minuten leben ohne zu atmen – vergiften wir mit vielen chemischen Emissionen von Technik und Industrie. Das Wasser, das wir zum Trinken brauchen, verseuchen wir mit chemischen Abwässern und Nitraten. Den Boden, den wir zur Erzeugung unserer Nahrung benötigen, belasten wir mit Schwermetallen und anderen Giftstoffen, selbst unseren Körper schädigen wir direkt durch Suchtmittel und durch die Auswirkungen einer ungesunden Ernährung und einer sogenannten modernen Lebensweise.

Dabei haben wir eine sehr fortschrittliche und umfassende Wissenschaft, eine immense Großtechnologie, neue Medien und eine überall angestrebte Demokratie. Aber gerade durch den Modernisierungsprozeß droht uns nicht nur eine Zerstörung jeglicher Tradition, sondern auch der Sinne, der Normen und der Selbstidentität. Es braucht deshalb für alle Christen eine neue Einstellung und ein neues Denken, nicht nur zur Wissenschaft, zur Technologie, zur Natur, sondern auch zu unseren Grundsätzen und zu unserer christlichen Ethik.

Religiöse Emotionen in weltfernen, ich möchte sagen, in naturfernen Bereichen, bringen heute nichts Positives mehr hervor, sondern allein die Tatsachen, die den Weiterbestand unseres Lebens sichern und begünstigen. Alle Christen werden sich auf neue Werte besinnen müssen.

Der Prophet Jeremias, der Prophet der Nationen, hat schon vor etwa 2600 Jahren in seinem 36. Kapitel prophezeit: Gott will das steinerne Herz (das unempfindsam und hart gegen den Nächsten und gegen die Schöpfung war) wegnehmen und ein fleischernes Herz (ein Herz, das mitfühlend und mitempfindend ist) geben, sowie auch einen neuen Geist, ein neues Verständnis der Dinge und Zusammenhänge. Es braucht also ein ganz neues Verständnis der Schöpfung und eine neue Einstellung zur Natur, ja wir benötigen, wie es Gerd von Wahlert ausdrückte, eine „christliche Biologie".

Die Grundlehre der Kirchen ist sehr stark auf den Menschen selbst und zu wenig auf die Schöpfung im Ganzen gerichtet. Wir selbst sind aber ein Teil der Schöpfung.

In den nachfolgenden Ausführungen möchte ich versuchen, meine in vielen Jahren aus christlicher Verantwortung getragenen und gewonnenen Erkenntnisse im Umweltschutz, besser gesagt im Mitweltschutz, weiterzugeben. Uns umgibt nicht nur Umwelt, sondern unendlich viel Mitwelt. Deshalb geht es nicht allein um Umweltschutz, sondern um einen gewissenhaften Mitweltschutz, der die Umwelt mit einschließt. Ich möchte zu einem ganzheitlichen ökumenischen Konzept zur Bewahrung der gesamten Schöpfung anregen.

Das Lied von der bedrohten Schöpfung

Geh aus mein Herz und suche Freud,
denn du hast nicht mehr lange Zeit,
dich an der Natur zu laben.
Schau an der schönen Gärten Zier,
solange Blume, Baum und Tier
noch Raum zum Leben haben.

Die Bäume stehen voller Laub,
doch die Chemie senkt ihren Staub
herab auf Wald und Weide.
Narzissus und die Tulipan,
die weichen heut der Autobahn.
Im Abgas wächst Getreide.

Die Lerche schwingt sich in die Luft,
bis auch ihr kleiner Leib verpufft
im Sog der Düsenwerke.
Die hochbegabte Nachtigall
kämpft gegen den Transistorschwall
und unterliegt an Stärke.

Ich selber kann und mag nicht ruhn,
denn jeder muß das Seine tun,
so groß sind die Gefahren.
Ich singe mit, wenn alles singt,
voll Hoffnung, daß es uns gelingt,
die Schöpfung zu bewahren.

(Verfasser unbekannt)

Blick vom Hohenkarpfen (912 m) am Rande der Schwäbischen Alb

Die Erde bebauen und bewahren

Am Anfang der Heiligen Schrift lesen wir, daß Gott den Menschen in den Garten Eden setzte, damit er ihn bebaue und bewahre. Es ist dies ein ausdrücklicher Auftrag des Schöpfers an den Menschen, diese Erde weder auszubeuten noch zu vergiften, sondern sie zu bebauen und zu bewahren.

Hier wird eindeutig die Linie angegeben, die die Bestimmung des Menschen einschließt. Er ist begünstigt vom Kreislauf der Natur und soll selbst auch eine Kreislaufnatur sein, also nächstenliebend, was auch zugleich schöpfungsliebend bedeutet. Ja, er ist berufen zum Dienst an der Schöpfung; dies schließt für ihn die Verpflichtung ein, das Anvertraute zu bewahren.

Als der Prophet Jesaja von Gott berufen wurde, hatte er eine Schau Gottes und hörte die Seraphim rufen: „Heilig, heilig, heilig ist der Herr, die ganze Erde ist voll seiner Herrlichkeit." Heilig bedeutet zum Heil, zum Segen sein. Der Mensch, nach dem Bilde Gottes geschaffen, soll auch heilig sein, das heißt, er soll zum Wohl der Mitwelt und der Mitgeschöpfe bestehen, also ein Altruist sein. Ein Altruist sucht das Wohl des andern (lat. alter = der andere) (siehe das Buch „Vom wahren Sinn des Lebens"). Der Apostel Paulus sagte im Korintherbrief: „Niemand suche das Seine, sondern ein jeder das des andern."

In der Offenbarung Johannis wird erwähnt, daß die gesamte Schöpfung den Herrn lobt. Deshalb wird es unsere zukünftige Aufgabe sein, die Schöpfung zu sakramentalisieren. Das 1. Sakrament soll für alle Christen heißen: Bewahre das Leben, überall wo es sich zeigt, denn es ist heilig. Wir haben nicht das Recht auszubeuten und nur an uns und unseren Profit oder Gewinn zu denken. Wir dürfen nicht so leben, daß wir dabei anderen oder der Schöpfung schaden.

Die Schöpfung ist das Werk Gottes. In einem Wort der Landessynode der Ev. luth. Landeskirche Hannover wurde am 26. November 1976 gesagt:

„Wir glauben, daß Gott den Menschen seine Schöpfung zu verantwortlichem Umgang anvertraut hat. Das schließt die Erhaltung der Natur wie auch die Verantwortung für die nachkommenden Generationen ein. Unsere Aufgabe als Kirche muß es darum sein: intensiv über unsere Verantwortung für Gottes Schöpfung nachzudenken und um die Erkenntnis des richtigen Weges und die daraus folgenden Entscheidungen zu beten."

„Für mich als Christen bedeutet die Verantwortung des Menschen vor Gott in ihrer politischen Dimension die Verantwortung für die den Menschen anheimgegebene Schöpfung." *Richard von Weizsäcker, Bundespräsident*

Gefährdete Schöpfung

Nach dem bisher Gesagten verstehen wir, daß der Mensch seine Fähigkeiten und seine Möglichkeiten bekommen hat, um als Altruist zu leben. Er soll ein Wohltäter und ein Segensträger für die gesamte Schöpfung sein. In seiner natürlichen Grundausstattung ist er Geschöpf und Teil der Biosphäre und damit ein abhängiges Glied in der biosphärischen Ordnung.

Da sich der Mensch von der großen Kreislaufregel abgewandt hat und als Egoist lebt, obwohl er in die Ganzheit eingeflochten ist, wird er bewußt oder unbewußt zum Übeltäter und Fluchträger. Er versteht seine Freiheit im hemmungslosen Sich-Ausleben, Frei-sein von Begrenzungen und nur tun, was ihm paßt, ohne sich einen Zwang auferlegen zu müssen. Jeder kleinste Zwang wird sofort als Einengung empfunden.

Da die Zahl der Menschen in der Vergangenheit verhältnismäßig gering war, wirkte sich ihr Fehlverhalten meist nur lokal aus. Mehr oder weniger verkraftete der Riese Natur dieses Tun und es ging scheinbar am Planeten Erde spurlos vorbei. Zur Zeit Christi waren auf der ganzen Erde knapp 250 Millionen Menschen, im Jahre 2000 werden es aber 7,5 Milliarden sein.

Durch das lawinenartige Anschwellen der Erdbevölkerung und durch die Entwicklung einer chemischen und industriellen Großtechnologie kam es in den letzten 100 Jahren zu einem Riesenverbrauch nicht erneuerbarer Rohstoffe und organisch produktiver Flächen sowie zur Schädigung der ökologischen Ordnung (Wärmehaushalt, Boden, Klima, natürliche Lebensgemeinschaften). Durch den Raubbau wurde somit die Zerstörung natürlicher Daseinsgrundlagen eingeleitet.

Heute wird uns bewußt, daß wir nur eine begrenzte Menge an Sauerstoff auf dieser Erde haben; nur eine begrenzte Menge an Wasser. Alles ist begrenzt, auch die Vorräte an Erdöl, Erdgas, an Bodenerzen, Mineralien, Kohle usw. Bei der heutigen Form der Raubwirtschaft reichen die Vorräte nur noch eine bestimmte Zeit aus. So kann und darf es nicht weitergehen, sonst wird der Grad der Umweltbelastung ein Ausmaß annehmen, daß menschliches Leben in unserem Sinne kaum ausreichende Lebensquellen mehr besitzt.

Unser Planet Erde besteht nur zu einem Drittel aus Land, zwei Drittel sind vom Meer bzw. Wasser bedeckt. Und von diesem einen Drittel können auch nur etwa 76 Prozent für die menschliche Ernährung genutzt werden, 24 Prozent sind unbewohnbar durch Wüste und Stein, wobei zu bedenken ist, daß die Wüsten im Vormarsch sind und die Bodenerosion jährlich empfindlich fortschreitet. Was der Natur über Jahrhunderte an Verletzungen und Überschreitungen angetan wurde in jeder Richtung, hat jetzt die Auflösung wichtiger Lebensräume zur Folge.

Damit wir uns ein klares Bild über das heutige Ausmaß der gefährdeten Schöpfung machen können, sollen in den nachfolgenden Kapiteln ausführliche Einzelheiten über das Waldsterben, das Seen- und Meersterben, über Klimakatastrophen, Vogelsterben, Gentechnik, Müllverbrennung, elektromagnetische Umweltverschmutzung und radioaktive Strahlenbelastung gegeben werden. Dies geschieht nicht, um eine Schreckensbilanz an die andere zu reihen, sondern um den Ernst der gegenwärtigen Situation klar zu beleuchten. Wir müssen uns bewußt werden, daß es heute wirklich nicht mehr darum geht, über religiöse Streitfragen und Meinungen zu diskutieren. Es gilt, die großen Aufgaben zu sehen, die denen zufallen, die von Gottes Geist erleuchtet werden, um wie Noah von Gott zur Bewahrung der Schöpfung eingesetzt zu werden.

Als Christen dürfen wir in unserer wissenschaftlich-technischen Welt in diese Aufgaben der ökologischen Verantwortung hineinwachsen. Es geht um die Praxis unseres Schöpfungsglaubens und um unsere christliche Hoffnung für die Zukunft der Schöpfung.

Das Christentum ist bei den meisten Christen keine Inbrunst mehr, sondern eine bequeme Gewohnheit. Man hat das Christentum viel zu sehr zu einem Trost umgewandelt und vergessen, daß es eine Forderung ist.

Sören Kierkegaard

Das Ökosystem Wald bricht zusammen

Der Wald ist ein hochkompliziertes Ökosystem, das aus dem Zusammenwirken von Boden, Wasser, Klima, Pflanzen und Tieren besteht. Er gehört ganz wesentlich zu unserer Mitwelt. Ohne ihn sind die Sicherung des Naturhaushalts und unsere Lebensqualität nicht möglich. Wir als natürliche Wesen können nur im Einklang mit der Natur leben und überleben.

Nach Angaben von Forstexperten waren bereits 1983 in Mitteleuropa schon 100 Prozent der Tannen erkrankt, die Hälfte der Fichtenbestände zeigte Absterbeerscheinungen und 65 Prozent der Kiefern waren nahezu entnadelt. Heute sind durch das rasante Tempo des Baumsterbens die Laubhölzer gleichermaßen erkrankt. Es gibt eigentlich keine Baumart mehr, die nicht irgendwelche Schadsymptome hat.

Ganz verheerend ist es im Riesengebirge. Hier prophezeien Vertreter des Ministeriums für Forst- und Landwirtschaft in Prag eine Naturkatastrophe. Alle Wälder im böhmischen Teil des Gebirges sowie auch der Boden seien schwerst geschädigt. Wenn nicht sofort Maßnahmen ergriffen würden, könnte es etwa 10 Millionen Jahre dauern, bis die Schäden im Riesengebirge wieder gutgemacht seien.

Selbst die Tatsache des Waldsterbens läßt viele Menschen ungerührt, um noch immer wirtschaftlichen vor ökologischen Interessen den Vorrang zu geben. Kranke Wälder machen aber auch den Menschen krank.

Waldsterben im Erzgebirge (CSSR).

Es ist allgemein unbestritten, daß das Waldsterben in erster Linie durch die in der Luft enthaltenen Schadstoffe verursacht wird; und zwar besonders durch eine kombinierte Wirkung von Schwefeldioxid und Stickoxid und den daraus entstehenden Photooxidantien. In der Atmosphäre wird das Schwefeldioxid langsam zu Schwefeltrioxid oxidiert und bildet mit Wasser Schwefelsäure. Dieser Vorgang wird durch die Gegenwart von Stickoxid gefördert. Die Zunahme von Stickstoffdioxid-Emissionen trägt wesentlich zur Schwefelsäurebildung bei.

Die dünne Schwefelsäure geht nicht nur im Regen als sogenannter „Saurer Regen" auf die Bäume nieder, sondern sie kann auch in Form von Tautropfen in den Wald getragen werden. Gerade in Schönwetterperioden gibt es in den Kammlagen der Mittelgebirge starke Morgentaubildung. Bei der Verdunstung der Tautropfen bleibt die vorhandene Schwefelsäure auf den Blättern beziehungsweise auf den Nadeln haften und erreicht dort hohe Konzentrationen. Bei lang anhaltendem Morgentau und anschließendem Abtrocknen über Wochen addieren sich die täglichen Schwefelsäuremengen.

Bei Laubbäumen sammelt sich die Taunässe bevorzugt an den Blatträndern, die durch den Säurerückstand dort am meisten belastet werden. Schwefeldioxid kann auch gasförmig schädlich wirken, indem es den Schließzellenmechanismus der Spaltöffnungen (Stomata) der Blätter und Nadeln lähmt, der für die Verdunstung und Assimilation von entscheidender Bedeutung ist. Außer Schwefeldioxid spielt auch Ozon beim Sterben der Bäume eine wesentliche Rolle. Ozon kann sich an sonnenreichen Tagen durch photochemische Reaktionen mittels Stickoxiden und Kohlenwasserstoffen aufbauen. Insgesamt wird die Bundesrepublik mit rund drei Millionen Tonnen Stickoxiden im Jahr belastet. Nicht nur durch den Autoverkehr und die Industrie, sondern besonders vom Flugverkehr werden Stickoxide ausgestoßen. Allein 700 Linienflugzeuge überqueren Tag für Tag die Alpen und lassen dabei aus ihren Triebwerken jeweils 35 Tonnen Stickoxide auf die Bergwälder nieder.

Ozon ist ein Gas, das, wenn es in die Nadeln eindringt, nach Lösung im Zellwandwasser Radikale bildet, die das Chlorophyll und andere Zellbestandteile zerstören. Ozon kann auch mit gewissen Pflanzenstoffen reagieren. Die sich daraus ergebende Verbindung wirkt giftig auf die Pflanzenzellen. Sie kann die Wachs- oder Hüllschicht der Nadeln beschädigen, wodurch die Bäume ihre Nährstoffe verlieren; vor allem das so wichtige Magnesium.

Beim Waldsterben spielen Kombinationswirkungen von sich gegenseitig verstärkenden Schadfaktoren eine noch im einzelnen ungeklärte Rolle. Nach vielen Untersuchungen ist man überzeugt, daß neben Photooxidantien auch Strahlungsoxidantien entstehen. Durch Kernkraftwerke treten bei routinemäßigen Schnellabschaltungen sogenannte „Edelgas-Spikes“ auf. Sie bewirken eine künstliche Ionisation der Luft um das 100fache. Auch bei Reaktorunfällen geschieht dies in noch höherem Maße. Eine erhöhte Ionisation hat indirekte Wirkungen durch Reaktion (Oxidation) mit herkömmlichen Schadstoffen und erzeugt saure Aerosole. (Siehe das Buch: „Unser Wald darf nicht sterben“).

Verlieren kranke Bäume ihre Blätter oder Nadeln, gelangt immer mehr Sonnenlicht an den Waldboden. Die dort wachsenden Moose, ideale Wasserspeicher, werden von Gräsern verdrängt. Saugfähiger Humus wird abgebaut, der Boden wird hart und wasserundurchlässig.

Die Folgen: Regenwasser verdunstet und versickert nicht, sondern fließt ab. Schnee bleibt nicht liegen, sondern gerät auf dem glitschigen Gras ins Rutschen. Und da in einem gelichteten Wald nur noch ein Bruchteil des Niederschlags in den Kronen der Bäume hängenbleibt, muß der Boden mit viel mehr Wasser fertig werden.

In gelichteten steilen Wäldern stürzt das Wasser in Wildbächen talwärts. In flacheren und schlimmer noch in abgestorbenen oder abgeholzten Wäldern staut es sich im Erdreich: ein Bergrutsch droht, ebenso erhöhte Lawinengefahr.

Wer diese Tatsachen verdrängt, der mußte sich im Sommer 1987 durch die Katastrophe im Veltlin überzeugen lassen.

Mit unheimlichem Röhren stürzten über zehn Millionen Kubikmeter Schlamm und Geröll – eine drei Kilometer breite Wunde im Hang hinterlassend – hinunter auf Wiesen und Siedlungen des Valtellina-Tals in den italienischen Alpen, begruben das Dörfchen Aquilone, töteten Menschen und Tiere. Die Suche nach den 27 Vermißten gaben die Rettungsmannschaften bald wieder auf. Sie hatten alle Hände voll damit zu tun, der nächsten Bedrohung zu begegnen: Der gewaltige Bergrutsch staute den Fluß Adda zu einem gefährlichen See; talabwärts, Richtung Mailand, leben rund 50'000 Menschen, die hätten evakuiert werden müssen, wenn sich die akute Überschwemmungsgefahr nicht hätte bannen lassen.

Sicher gab es Hochwasser, Muren und Bergstürze schon immer, aber heute kann durch unsere Mißachtung der biologischen Zusammenhänge der Natur schon ein Sommergewitter eine Katastrophe auslösen und Tausende von Menschen in Gefahr bringen.

Der Allgäuer Biologe Karl Partsch hat mit einigen Helfern begonnen, auf einem Gipfel in 2200 Metern Höhe die durch menschliche Unvernunft entstandenen Wunden zu heilen. Er ist sehr erschreckt, daß auf den Hängen des Fellhorns unter vielen Bäumen ein grüner Teppich von massenhaft abgeworfenen Vorjahrestrieben liegt. Unter anderem aber auch ein grauer Teppich mit fingerdick abgestorbenen Baumflechten. Baumflechten sind schon jahrelang bewährte Indikatoren für die Beurteilung der Luftqualität. Karl Partsch meint dazu: „Wo die Flechten absterben, sollte eigentlich auch der Mensch seine Koffer packen." Für ihn ist klar, daß das Ökosystem zusammenbricht. Alpenrosen und Heidelbeeren verlieren ihre Blätter und ein alter Hirte, der jahrzehntelang seine Schafe in diesem Gebiet weidet, fragt mit großem Ernst: „Was ist, wenn auch noch die Gräser sterben?"

Wenn wir darauf warten wollen, bis die mit der Wirtschaft verflochtene Wissenschaft sich bereit findet, ein fundiertes Urteil auszusprechen, wird es zu spät sein. Die Erkenntnis des ökologischen Schadens soll ein Alarmzeichen für unser Gewissen sein und ein Wegweiser zur Umkehr.

Die Ökologie der Erde braucht den Wald.

Wir müssen uns besinnen auf den göttlichen Auftrag, die Erde zu bewahren und sie nicht zu verderben. Im 11. Kapitel der Offenbarung Johannis ist ein unzweideutiger Hinweis gegeben, daß alle die vernichtet werden, die die Erde verderben. Und die Erde schließt auch unsere Flüsse, unsere Seen und unsere Meere ein.

Sonnenuntergang an der Nordsee bei Zandvoort (Holland)

Tote Seen und verseuchte Meere

Schon vor über 20 Jahren wurde in Schweden eine fortlaufende Versauerung der Seen und Flüsse und des Regenwassers festgestellt. Dort sind von insgesamt 100 000 schwedischen Seen 18 000 schon durch Übersauerung total geschädigt. Bereits 1977 stellte man fest, daß der Ferntransport von Schwefeldioxid und Stickoxiden aus mitteleuropäischen Industriegebieten die Übersauerung verursacht. Die in den Wintermonaten im Schnee angesammelten Säureniederschläge wurden bei der Schneeschmelze auf einen Schlag frei und führten zu einem Versauerungsschub, der das Fischsterben auslöste.

Auch in Norwegen zeigen sich diese Auswirkungen. Dort sind auf einer wasserbedeckten Fläche von 130 000 Quadratkilometern die Fische in den Seen ausgestorben. Norwegische Wissenschaftler haben das Fischsterben eindeutig auf direkte und indirekte Folgen der sauren Niederschläge zurückgeführt.

Im Bayerischen Wald im Kleinen Arbersee ist bei einem pH-Wert von 4,29 bereits eine verödete Lebewelt anzutreffen, und im Rachelsee finden sich bei pH 3,5 bis 4 keine Fische mehr. (pH-Wert ist die Meßzahl für die Wasserstoffionen-Konzentration einer Flüssigkeit) (s. Kleines Umwelt-Lexikon).

Doch eine der schwersten Umweltkatastrophen hat die Küstengebiete der nordeuropäischen Randmeere heimgesucht: ein Massensterben von Fischen und Seehunden. 1988 sind 17 240 Robben im Nordostatlantik verendet. Die Ursachen für das Robbensterben mögen noch unklar sein.

NAHRUNGSKETTE NORDSEE

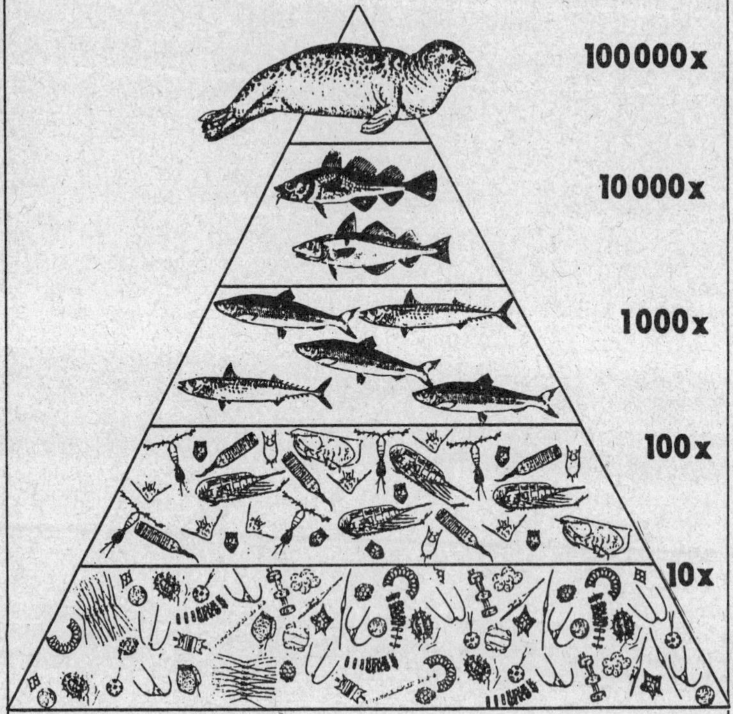

Die Schadstoffe potenzieren sich 100 000mal.

(Quelle: Greenpeace Hintergründe – Nordsee zum Sterben verurteilt 8/89)

Sicher ist aber, daß die Schadstoffe, die in die Nordsee eingeleitet werden, das Immunsystem der Tiere weitgehend geschwächt haben, so daß sie den Folgeinfektionen und dem Parasitenbefall hilflos ausgeliefert sind. Der Kieler Toxikologe Otmar Wassermann und Hermann Kruse haben in den Körpern der Tiere 150 verschiedene Giftstoffe identifiziert.

Alles, was schädlich ist, werfen wir ja ins Meer (90 % aller Haushaltsabwässer der Erde gelangen ungeklärt ins Meer); die Nordsee ist die Müllkippe Europas. Jahr für Jahr muß sie zwischen England und Norwegen eine Flut von Schadstoffen aufnehmen, darunter zahlreiche für Tier- und Pflanzenwelt lebensbedrohliche Chemie-Gifte. So gelangen nach dem Nordseeschutz-Bericht der Bundesregierung vom September 1987 pro Jahr rund 11 000 Tonnen Blei, 28 000 Tonnen Zink, 950 Tonnen Arsen, 335 Tonnen Cadmium und 75 Tonnen Quecksilber in die Nordsee – den Dreck aus dem Ärmelkanal gar nicht mitgerechnet.

Hinzu kommen bis zu 150 000 Tonnen Öl, die – etwa von Schiffen und Bohrplattformen – ganz legal ins Meerwasser abgelassen werden dürfen und etwa 6000 Tonnen Öl, die unerlaubt hinzugekippt werden. Außerdem werden von Kuttern und Kähnen jährlich etwa 20 000 Tonnen Hausmüll über Bord geworfen. Zusätzlich werden aus Flüssen, Ableitungsrohren und der Atmosphäre pro Jahr rund 100 000 Tonnen Phosphate und etwa 1,5 Millionen Tonnen Stickstoffverbindungen ins Meer gewaschen – Nährstoffe, die nach Expertenmeinung eine Hauptursache der Überdüngung des Meeres sind und so das explosionsartige Wachstum der sogenannten „Killeralgen" maßgeblich gefördert haben. Intensives Algenwachstum durch Überdüngung küstennaher Gewässer wird mittlerweile überall in der Welt beobachtet, wo sich Abwässer aus Ballungszentren oder intensiver Landwirtschaft ins Meer ergießen.

Außerdem werden rund 100 000 Tonnen Giftmüll jährlich auf See verbrannt, dabei entweichen etwa 100 Tonnen Giftstoffe unverbrannt durch die Schlote der Öfen.

Das älteste Verfahren, Atommüll zu beseitigen, war, den in Stahlfässer verpackten Müll ins Meer zu versenken. Die Europäische Organisation für Kernenergie hatte 1967 einen Frachter, die „Topatz“, gechartert, die auf fünf Fahrten 11 000 Tonnen Atommüll im Atlantik versenkte. Die Seerechtskonvention verbietet eine Verseuchung des Wassers mit radioaktiven Abfällen. Dennoch wurde Atommüll ins Meer versenkt. Es gibt auch in den größten Tiefen der Meere keine stillen Räume zur Aufnahme radioaktiver Substanzen ohne Gefahr der Vermischung und damit der Verseuchung übergelagerter Wasserschichten. Im Atlantik wurden bereits radioaktiv kontaminierte Tiefseeorganismen nachgewiesen. Ist die Meeresfauna geschädigt, können durch den Verzehr verseuchter Fische erbschädigende Spätfolgen beim Menschen auftreten. (Siehe Kapitel Radioaktivität).

Vergessen wir nicht: Die Nordsee ist das fischreichste Meer der Erde. Außerdem sind alle Meere ein großer Sauerstofflieferant für die Erde und damit für unser Leben.

Einzigartig ist das Wattenmeer. Der flach geneigte Meeresboden an der Küste der Niederlande, der Bundesrepublik und Dänemarks ist die Kinderstube vieler Fischarten; hier finden sie warmes Wasser und mehr Nahrung als in tieferen Gewässern. Bei Ebbe lassen sich Vögel auf dem fünf bis 20 Kilometer breiten Watt zur Nahrungsaufnahme nieder. Sechs bis neun Millionen Vögel bevölkern jedes Jahr das Wattenmeer.

Es ist ein Ökosystem, das auf der Welt einmalig ist. Die biologische Selbstreinigung des Wattenmeeres steht für das ökologische Gleichgewicht der gesamten Nordsee.

Das Watt wird aber der Landgewinnung geopfert, überaus reger Schiffsverkehr und rund 300 Bohrinseln in der Nordsee bergen die Gefahr der Ölpest. Allein die Bohrinseln in der nördlichen Nordsee haben als jährlichen Nebeneffekt etwa 20000 Tonnen betriebliche und unbeabsichtigte Öleinleitungen. Die Deutsche Texaco hat mitten im schleswig-holsteinischen Wattenmeer ihre Bohrstelle errichtet.

Nicht nur in der Nordsee erleben wir die Zeichen einer todkranken Natur; auch in der Ostsee, die heute die gemeinsame Kloake der sieben Anliegerstaaten ist, sind die Robben vom Aussterben bedroht.

Im Ostseewasser selbst ist die Konzentration von Cadmium, Kupfer und Nickel fünf- bis zehnfach höher als im offenen Nordatlantik. Etwa 15000 Tonnen Schwermetalle, die die Ostsee jährlich schlucken muß, reichern sich in Pflanzen und Tieren an. Die Seehunde sind nicht die einzigen Tiere, die an massiven Umweltschäden leiden. Die Ottern sind aus dem Ostseeraum verschwunden; Seeadler sind im Bestand bedroht. Das Hauptnahrungsmittel dieser Tiere ist Ostseefisch – kranker Fisch. Und die Meeressäuger sind nicht die letzten, denen es an Gesundheit und Leben geht. Als Endverbraucher der Nahrungskette steht der Mensch.

Nord- und Ostsee, Mittelmeer und Südchinesisches Meer, der Golf von Arabien und das Rote Meer, der Golf von Mexico – fast alle Meere in Küstennähe sind bis zum ökologischen Kollaps verschmutzt. Wir stehen vor einem schleichenden Tod der Meere. Noch können wir dieses in seiner ganzen Tragweite und Folge nicht abschätzen.

Die Meere bedecken allein 362,03 Millionen Quadratkilometer Fläche der Erde. Der Wasserinhalt ist ungefähr 1 Milliarde, 350 Millionen Kubikmeter Wasser.

Die Weltmeere liefern 70 Prozent des Luftsauerstoffs unserer Erde, gewährleisten das Klima und bedingen den Regen.

Alle Lebensprozesse hängen von einem fortwährenden Wasseraustausch zwischen der belebten Materie und der Umwelt ab. Die Schöpfung ist aus dem Wasser hervorgegangen. Was die Natur in Millionen Jahren bewahrte, vergiften und zerstören wir in wenigen Jahrzehnten. Frau Elisabeth Mann-Borghese, die zu den Club-of-Rom-Gründern gehört, warnt: „Wenn wir 72 Prozent unserer Erde nicht als Gemeinerbe behandeln, dann verliert die Menschheit ihren letzten, nicht erschöpften Reichtum, unendliche Bodenschätze, Energie- und Nahrungsquellen."

Wasser als ein Element der Schöpfung und ein Teil unserer Mitwelt ist ein uns anvertrautes Gut, für das wir alle miteinander dem Schöpfer gegenüber verantwortlich sind. Der Apostel Paulus spricht davon, daß wir als Christen keine Besitzer, sondern Haushalter Gottes sind. Und von den Haushaltern erwartet man, daß sie treu erfunden werden.

Wie lange gibt es noch genießbares Trinkwasser?

Die Sicherung unseres Trinkwassers wird für uns ein immer größeres Problem. Hätten wir das Wasser nicht, so hätten wir kein Leben. Wir sollten es deshalb wie einen Schatz hüten. Früher gab es so viel Wasser wie Luft. Wasser war allgemein – außer in den wenigen Trockengebieten – und in derart großen Mengen vorhanden, daß kaum jemand verstanden hätte, daß es zu einer Mangelware werden könnte.

Die nutzbare Süßwassermenge – etwa 95 Prozent des bestehenden Wassers sind salzig und ungenießbar, 4 Prozent sind zu Eisbergen zusammengefroren und nur 1 Prozent bleibt als Trinkwasser – nimmt von Jahr zu Jahr ab, weil die Gifte von Industrie und Landwirtschaft – besonders Düngemittel und Pestizide – in Flüsse und Seen geleitet bzw. abgeschwemmt werden.

Der erwachsene Mensch muß fast drei Liter Wasser täglich in Nahrungsmitteln und Getränken zu sich nehmen. Auch die grünen Pflanzen benötigen Wasser zur Photosynthese. Zum Aufbau eines einzigen Kilogramms Pflanzenmasse sind 250 bis 1000 Liter Wasser erforderlich, die größtenteils wieder verdunstet werden.

Etwa siebzig Prozent von Pflanze, Tier und Mensch bestehen aus Wasser.

Heute verfügt ein Drittel der Erdbewohner (1,5 Milliarden Menschen) pro Tag nicht einmal über einen cinzigen Liler sauberes Wasser. Ein weiteres Drittel hat eine unzulängliche Wasserversorgung, das letzte Drittel etwa läßt pro Person täglich 100–600 Liter Trinkwasser durch Toilette, Badewasser und Küchenspüle rauschen, das meiste Wasser verbraucht die Industrie. Zur Erzeugung einer Tonne Kohle werden 3000 Liter, für 1 Tonne Stahl bis zu 20 000 Liter, für 1 Tonne Zellulose gar 400 000 Liter Wasser benötigt.

Neben der Stahl- und Papierindustrie zehrt auch die Atomenergie an den knappen Vorräten des verwertbaren Wassers. Das Kernkraftwerk bei Neckarwestheim gibt über die 34 Kühltürme innerhalb von 24 Stunden bis zu 60 Millionen Liter erwärmtes Wasser in die Atmosphäre ab. Aber auch in Übersee, z. B. in Kolumbien, ist der Kaffee als wichtiges Exportgut laut UNO auch die stärkste Quelle für die dortige Gewässerverschmutzung. Die Kaffeeproduzenten benötigen ungeheure Wassermengen, um die Kaffeebohnen zu waschen und auszuschwemmen, was den Bohnen erst das spezifische Geschmacksaroma vermittelt. Das verschmutzte Wasser strömt in den meisten Fällen ungereinigt in den Fluß zurück.

Einen besonders schweren Eingriff in den Wasserhaushalt bedeutet der Raubbau an den tropischen Regenwäldern, die zu den wichtigsten Wasserspeichern der Erde zählen. Einst bedeckten die hohen Baumriesen eine Fläche von 16 Millionen Quadratkilometern; beinahe die Hälfte davon ist heute schon zerstört.

Die brasilianische Umweltschützerin Maria de Lourdes Freias meint, daß in acht Jahren der ganze Osten des Amazonas-Urwaldes – der das letzte Paradies mit über 100 000 Pflanzenarten, 3000 Vogelarten und über 600 Arten von Säugetieren ist – vernichtet sein wird.

Das Grundwasser, die größte Trinkwasserreserve, sinkt ab, da mehr Grundwasser – insbesondere auch von der Industrie – abgezapft wird, als sich auf natürliche Weise wieder sammeln kann. Waldzonen horten riesige Mengen Wasser. Humusreicher Waldboden wirkt als idealer Naturfilter, der schädlichen Flüssigkeiten ihre Schärfe nimmt: Grundwasser sollte etwa 100 Tage unter der Erdoberfläche verweilen, damit bakteriologische Verunreinigungen sicher abgebaut werden.

So erweist sich der Wald als ein Schwamm, der das Wasser aufsaugt, filtert, speichert und es langsam an die Quellen abgibt. Der Wald ist somit ein unersetzbarer, natürlicher, großer Wasserspeicher und Wasserfilter und zugleich eine riesige Wasseraufbereitungsanlage.

So wichtig die Quantität des Wassers ist, so unverzichtbar ist seine Qualität. Wasser muß kreisen, und es ist stets auf Wanderschaft, um seine Form und seinen Lauf wandeln zu können. Gerade der ewig kreisende Wasserstrom ermöglicht es der Natur zu atmen, zu verdauen und sich zu erneuern.

Auch das Grundwasser nimmt an diesem Kreislauf teil. Wenn mehr Grundwasser herausgezogen und verbraucht wird, als durch die Niederschläge ersetzt werden kann, sinkt der Grundwasserspiegel erheblich ab und schwächt den Wasserkreislauf.

Im Gegensatz zum Waldboden fließt das Regenwasser auf kahlen Böden schnell in die Flüsse und Bäche ab und geht dem Grundwasser verloren. Wenn der Grundwasserspiegel aber sinkt, besteht Gefahr für den gesamten Baumbestand und auch für die Landwirtschaft. Zudem verschlechtert sich rapide die Trinkwasserqualität.

Im Erzgebirge wurden durch das Waldsterben viele Quellen ungenießbar und auf den Feldern wachsen Getreide, Kartoffeln und Gemüse trotz intensiver Düngung nur noch schlecht. Waldsterben und Trinkwassermangel gehen

Brunnen bei St. Märgen (Schwarzwald)

Hand in Hand. Es geht uns alle an, wenn die Kanalisationsbrühe in den Fluß gelangt oder wenn das Kaliwerk seine salzigen Abwässer in den Strom einmünden läßt. Da nämlich nicht nur wenige einzelne, sondern hunderttausend einzelne das fließende Wasser als billigen und verschwiegenen Transportträger benutzen, sind unsere Gewässer derart verschmutzt, daß ihre einst klaren Fluten wie verdünnte Jauche erscheinen.

Seit Beginn der achtziger Jahre werden drastisch ansteigende Nitratwerte im Trinkwasser hauptsächlich durch die Landwirtschaft verursacht. Nitrate sind vor allem in Düngemitteln enthalten. Allein die Menge des Mineraldüngers hat sich auf bundesdeutschen Äckern in den letzten 30 Jahren fast verfünffacht. 1,3 Millionen Tonnen bringen die Bauern im Jahr auf die Felder, dazu noch 800 000 Tonnen stickstoffhaltigen Stallmist. Getreide nimmt nur etwa ein Drittel des eingebrachten Kunstdüngers aus dem Boden über seine Wurzeln auf. Da das Erdreich den verbleibenden Rest nicht binden kann, wäscht das durchsickernde Regenwasser die Salze aus der Wurzelzone aus und transportiert sie langsam in Richtung Grundwasser.

Inzwischen arbeiten 21 Pilotanlagen, die das Nitrat im Grundwasser durch biologische und physikalisch-chemische Methoden wie Umkehrosmose und Ionenaustausch verringern sollen.

Doch nicht nur die Nitratbelastung, auch die Giftstoffe aus den Pestiziden finden sich im Trinkwasser. 1988 – wie auch schon in den Jahren zuvor – haben Landwirte, Gärtner oder Blumenzüchter über 30 000 Tonnen Pestizide (Schädlingsbekämpfungsmittel) auf Feldern, Plantagen, Bahngleisen und öffentlichen Anlagen oder in Gärten und Gewächshäusern versprüht. Etwa 1800 verschiedene Mittel sind derzeit im Handel, die zusammen rund 300 verschiedene Wirkstoffe enthalten. Kein Wunder, daß diese Gifte immer häufiger im Trinkwasser auftauchen und dessen Qualität bedrohen.

Bisher lassen sich nur knapp 60 Schadstoffe mit praktikablen Tests in der gebotenen Genauigkeit nachweisen – so die Aussage eines Wasserexperten. Bei angenommenen 300 Wirkstoffen bleibt also ein „dunkles Loch, wo wir nicht wissen, was da auf uns zukommt."

Die Land- und Gartenwirtschaft muß durch schnelles Umstellen auf biologischen Anbau die Menge der giftigen Sprühmittel und der Düngemittel drastisch reduzieren.

Doch es gibt noch eine weitere gravierende Gefahr für unser Trinkwasser, wie die IKA-Kritik vom Juli/August 89 berichtet. Da Asbestrohre immer noch verlegt werden – bis jetzt sind es 30 000 Kilometer verlegte Asbestrohre – besteht die Gefahr, daß Asbestfasern aus den Rohren herausgespült werden und sich im Trinkwasser bzw. in Suppe, Kaffee oder Tee wiederfinden. 234 000 Fasern wurden pro Liter Wasser in Düsseldorf festgestellt. Es ist ein Zusammenhang zwischen den Asbestfasern und einer Überhäufigkeit von Tumoren, besonders der Speiseröhre, des Magens, des Darms, der Gallenblase und der Bauchspeicheldrüse denkbar. Wer Asbestwasser trinkt, muß mit einem besonderen Krebsrisiko leben. Die US-Regierung hat einen nahezu vollständigen Bann über Produkte mit krebsauslösendem Asbest verlangt.

Es ist mit den heutigen Reinigungsverfahren noch nicht möglich, gewisse Giftstoffe, gewisse Spurenstoffe und krebserregende Kohlenwasserstoffe aus dem Wasser zu entfernen; sie müssen also mitgetrunken werden. Eine Erde aber, die vergiftetes Trinkwasser bietet, wird unbewohnbar.

Wo immer der Mensch eigenmächtig und kurzsichtig in die Ordnung der Natur eingreift, löst er eine Kettenreaktion von Unheil aus, das sich zuletzt immer gegen ihn selbst wendet. Deshalb muß Süßwasser gespart und jeglicher Raubbau an diesem unverzichtbaren Lebensstoff vermieden werden. Hierzu verkündete der Europarat in Straßburg: „Jeder Mensch hat die Pflicht, Wasser sparsam und mit Sorgfalt zu verwenden. Jeder Mensch braucht Wasser und hat deshalb Rücksicht zu nehmen auf die anderen Wasserbenutzer. Wer Wasser gedankenlos verschwendet, mißbraucht ein Gemeingut der Natur."

Die Wasserwaage der Natur ist durch Menschenhand bereits erheblich aus dem Gleichgewicht gebracht worden. Sinkt die Waage weiter ab, dann werden wir den Zustand erreichen, daß es keine Menschenkunst vermag, sie in die Gleichgewichtslage zurückzubringen.

Dr. Emil Hornmann schließt seinen Bericht: „Hätten wir das Wasser nicht" mit diesen so bedeutenden Worten:

„Ohne Wasser gäbe es kein Blut und keine Tränen. Wenn keine Träne käme, wieviel Leid bliebe ungelöst. Laßt uns für das Wasser sorgen, damit nicht die Träne dereinst das einzig klare Wasser ist, das in unserer Heimat rinnt."

Kommt eine Klimakatastrophe auf uns zu?

Das Klima ist ein Teil unserer Mitwelt, von der wir in vielfältiger Weise abhängen. Wir können sie jedoch intensiv beeinflussen durch unsere Chemie, unsere Technik und unsere Lebensweise.

An sich ist Kohlendioxid mit 0,03 vol. Prozent ein natürlicher Bestandteil der Luft. Kohlendioxid entsteht bei der Atmung der Lebewesen. Es entsteht aber auch in großem Maße bei Verbrennung von Kohle, Erdöl und Gas in Kraftwerken, Industrieanlagen und Haushalten. Der Anteil von Kohlendioxid in der Luft ist dadurch in den letzten Jahren um 14 % gestiegen.

Wenn Kohlendioxid eine gewisse Konzentration erreicht, ergibt sich der sogenannte Glashaus- bzw. Treibhauseffekt. Kohlendioxid und einige andere Spurengase – bis jetzt sind schon mehr als 30 Treibhausgase bekannt – haben sich so stark in der Atmosphäre angereichert, daß sie die Erde wie einen Mantel umgeben. Wasserdampf und Kohlendioxid in der Atmosphäre lassen zwar die kurzwellige Sonnenstrahlung mit etwas geringerer Abschwächung zur Erdoberfläche gelangen, aber sie absorbieren bzw. reflektieren die von der Erdoberfläche ausgehenden langwelligen Wärmestrahlen. Wärme, die eigentlich ins Weltall entweichen müßte, bleibt daher auf dem Planeten wie in einem Glashaus gefangen. Da die Konzentration dieser Gase weiterhin steigen wird, rechnen die Wissenschaftler mit einem immer stärker werdenden Treibhauseffekt, der die Erde aufheizt. Ein langsamer, aber in seinen Folgen verheerender Temperaturanstieg ist das Ergebnis.

Was diese globale Erwärmung im einzelnen bewirken wird, kann man noch nicht genau voraussagen. Es können z. B. die Gletscher abschmelzen, der Meeresspiegel kann ansteigen und ungeschützte Küstenregionen können überflutet werden. Als Beispiel Bangladesh: steigt das Meer um nur einen halben Meter, ist Land für neun Millionen Menschen unter Wasser. Steigt es um mehr als zwei Meter, ist das Land zu einem Drittel verschwunden. 25 Millionen Menschen werden dann weichen müssen, die Nahrungsmittelversorgung wird zusammenbrechen.

Jedenfalls muß durch den Treibhauseffekt mit ziemlicher Sicherheit mit dem Eintreten von Wetterextremen wie Hitze-, Dürre- und Überschwemmungsperioden gerechnet werden.

Das Jahr 1988 hat eine Kostprobe davon gegeben: lange Dürreperioden in verschiedenen Staaten der USA mit Ertragseinbußen von mehr als 50 Prozent bei der Weizen-, Soja- und Baumwollernte; außerdem riesige Waldbrände und akuter Wassermangel; Hitzewellen im östlichen Mittelmeerraum und zum Teil 30 °C im nördlichen Sibirien; furchtbare Hochwasserkatastrophen in Bangladesh sowie verheerende Wirbelstürme in den Karibikstaaten. Anfang September wuchs aus einem der typisch flachen Tiefdruckgebiete vor der Küste Westafrikas ein Jahrhundertwirbelsturm, der über den Atlantik raste und auf Zentralamerika zusteuerte.

Kerry Emanuel vom Massachusetts-Institut sagt regelrechte „Treibhaus“-Wirbelstürme voraus. Diese „Hurricans“ können entstehen, wenn über warmen Meeresregionen Wasserdampf wie durch einen Kamin emporsteigt und die angrenzenden Luftmassen in einem wirbelnden Sog mit sich reißt.

Wirkungen der Fluorchlorkohlenwasserstoffe

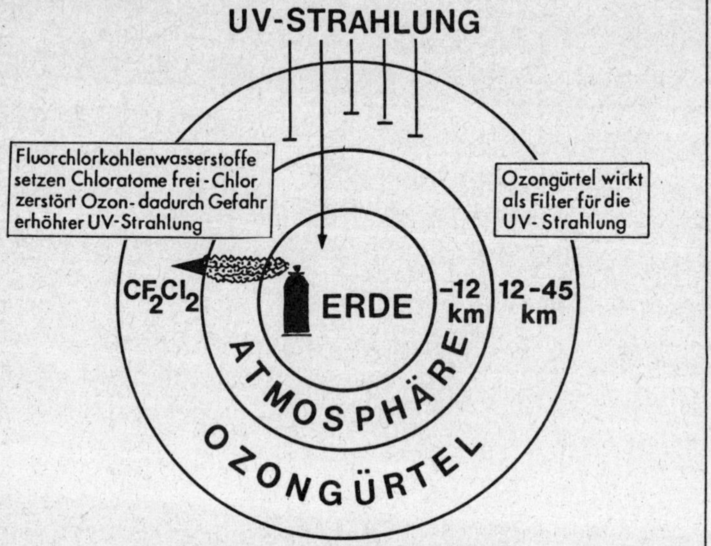

Der Treibhaus-Effekt

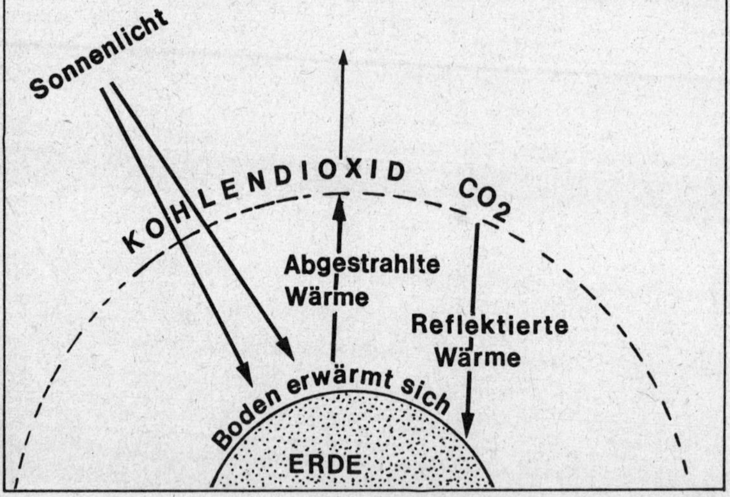

(Quelle: Kleines Umwelt Lexikon 1989 · G. A. Ulmer Verlag)

Es ist erstaunlich, daß es in der Natur Möglichkeiten gibt, dem Treibhauseffekt entgegenzuwirken. Hier kommt den Algen im Meer eine Schlüsselrolle zu. Algen nehmen neben Kohlendioxid auch Phosphate, Nitrate und Spurenelemente auf. Sie entziehen sie dem Stoffkreislauf, wenn sie zu Boden sinken und absterben. Auf offener See findet jeweils im Frühjahr eine massive Algenblüte statt, die für die Regulierung des Kohlendioxidhaushalts der Atmosphäre von großer Bedeutung zu sein scheint. Man spricht von einer „biologischen Pumpe". Sie gilt als Hauptmechanismus zur Entfernung von CO_2 aus der Atmosphäre. Durch die Überdüngung der Küstengewässer und den großflächigen Stickstoffeintrag in die Meere durch den Sauren Regen wird allerdings der Algen-Haushalt empfindlich gestört. So ist auch die explosionsartige Algenzunahme vor der skandinavischen Küste und vor anderen Küsten eine direkte Folge der Überdüngung.

Nicht nur der Treibhauseffekt, auch der fortschreitende Ozonabbau können zu einer Klimakatastrophe führen. In 12–45 Kilometer Höhe umgibt ein Ozongürtel die Erde und hält wie ein Filter den größten Teil der ultravioletten Strahlung zurück. Nur ein Teil der Strahlung durchdringt den Ozonschild und trifft auf die Erdoberfläche. Ozon bildet sich aus molekularem Sauerstoff unter Einfluß der UV-Strahlung, zerfällt aber durch Absorption wieder. Dabei lagert sich frei werdender atomarer Sauerstoff wieder an molekularen Sauerstoff an, so daß ein Gleichgewicht zwischen Auf- und Abbau des Ozons besteht ($3\ O_2 \rightarrow 2\ O_3$). Die Ozonschicht liegt in der Stratosphäre wie ein schützender Schleier um die Erde.

Ein Abbau der Ozonschicht hat gravierende Folgen für die menschliche Gesundheit (Hautkrebs, Augenschäden, Schwächung des Immunsystems), für Landwirtschaft und

Boden (Hemmung der Photosynthese, Absterben der Pflanzen), für das Leben im Wasser (Abbau von Plankton, Zusammenbruch der Nahrungskette) und für das Klima (durch geringes Algenwachstum Verringerung der CO_2-Aufnahme).

Zur Filterung der gefährlichen UV-Sonnenstrahlung ist der Ozonschild in der oberen Atmosphäre für das Leben auf der Erde unverzichtbar. Seit mehreren Jahren stellt man aber ein Ozonloch über der Antarktis fest, das von Jahr zu Jahr größer wird und mittlerweile die Größe der USA erreicht hat. Inzwischen steht fest, daß Gase, die wir in Spraydosen, als Kühlmittel und zur Kunststoffherstellung benutzen, für dieses Loch verantwortlich sind. Bei den Spraydosen entweichen die Fluorchlorkohlenwasserstoffe unmittelbar und vollständig. Hier hilft nur ein totaler Verzicht auf Treibgase. Bei den Schaumstoffen werden zwar 90 Prozent der Stoffe eingebunden, spätestens aber während der Abfallbeseitigung werden sie wieder frei. Als Lösungsmittel in Reinigungs- und Entfettungsanlagen (Textilgewebe, Kleidung, aber auch industrielle Verwendung in Elektronik, Feinmechanik, Medizin u. a.) werden FCKW vollständig frei, falls keine „Rückhaltetechnologien" (sogenannte geschlossene Systeme) eingesetzt werden.

Dies bedeutet eine Verringerung der Ozonkonzentration der Stratosphäre um 40 %. Man ist überzeugt, daß die Abbauprodukte der FCKW bei Temperaturen unter Minus 70 °C zu einem rapiden Verlust des stratosphären Ozons führen. Die Fluorchlorkohlenwasserstoffe steigen nach der Freisetzung in die Atmosphäre auf. Durch ihre chemische Stabilität werden sie nicht oxidiert oder vom Regen ausgewaschen. Sie kommen in die Ozonschicht hinein. Dort werden sie durch die harte UV-Strahlung gespalten und setzen Chloratome frei, die ihrerseits das Ozon zerstören. Dabei wirkt Chlor als Katalysator, der im Laufe der Zeit beliebig viele Ozonmoleküle spalten und einen Abbaumechanismus in Gang setzen kann. Auf jedes Chloratom kommen tausend geknackte Ozonmoleküle.

Durch diesen Umstand kann dann eine starke UV-Strahlung, vor allem aus der Sonne, die Erde treffen und schädlich werden.

Inzwischen stellen Wissenschaftler fest: Nicht nur über dem Südpol, auch über dem Nordpol wird das Ozonloch immer größer und gefährdet die Menschen im Norden. Verschärft wird die Gefahr durch den Umstand, daß die Fluorchlorkohlenwasserstoff-Gase auch in erheblichem Umfang zur Erwärmung der unteren Atmosphäre (Treibhauseffekt) beitragen. Je mehr Wärme sich jedoch in Erdnähe staut, um so kälter wird es in der Stratosphäre. Um so eher können sich die Bedingungen der gesamten Stratosphäre denen über der Antarktis nähern. Damit steigt die Gefahr weiterer „Ozon-Löcher". Deshalb ist zu fordern, daß die Reduktion von Fluorchlorkohlenwasserstoff-Emissionen in die Atmosphäre mindestens 90 Prozent betragen muß, um dem stratosphärischen Ozonabbau wirksam zu begegnen.

Die Treibgase sind wegen ihrer großen chemischen Stabilität sehr langlebig und verbleiben etwa 50 bis 100 Jahre in der Atmosphäre. Es dauert noch Jahre, bis diese bereits vorhandenen Gase in den kritischen Bereich der Stratosphäre gelangt sein werden.

Sehr gravierend sowohl für den Treibhauseffekt wie auch für die Zerstörung der Ozonschicht sind Flugzeugabgase in hohen Luftschichten. Dort sind sie die einzige Schadstoffquelle, wobei nicht einmal der ausgestoßene Wasserdampf und die Kondensstreifen harmlos sind. In 12 Kilometer Höhe ist die Luft 5mal dünner, dadurch wächst der Schadstoffgehalt 5mal so stark an. Aus der Troposphäre werden die Stickoxide meist nach wenigen Tagen als „Saurer Regen“ ausgewaschen, aber in der Stratosphäre sammeln sie sich bei einer Verweildauer bis zu einem Jahr an. Wird Wasserdampf in großer Höhe ausgestoßen, ist er ein Schadstoff. Da die Luft dort kälter ist, bilden sich Eiskristalle. Sie vermindern die einfallende Sonnenstrahlung, halten die Wärmestrahlung der Erdoberfläche zurück und verstärken den Treibhauseffekt. Vermehrter Wasserdampf in großen Höhen beeinflußt auch luftchemische Reaktionen. Der zweite, aber sehr bedenkliche Abgasanteil sind die Stickoxide. Durch die Schadauswirkungen des Luftverkehrs kann in der oberen Stratosphäre Ozon zerstört werden, in Höhen um 10 Kilometer nimmt es dagegen zu und heizt die Atmosphäre auf. Deshalb sollte die Stratosphäre von jedem Flugverkehr freigehalten werden. Die globalen Umweltfolgen, die sich aus dem immer stärker werdenden Luftverkehr ergeben, kann niemand verantworten.

Ozonabbau und Treibhauseffekt gefährden zunehmend die Atmosphäre, das Weltklima und schließlich uns ganz persönlich.

Blick auf die Alpen vom Linienflugzeug aus

Zieht bei uns der stumme Frühling ein?

Schon 1962 prophezeite die berühmte Biologin Rachel Carson in ihrem weltbekannt gewordenen Buch einen stummen Frühling. Durch den Vogelmord und die planmäßige Vergiftung der Landschaft mit Giftstoffen sind wir auf dem besten Wege, daß dies rauhe Wirklichkeit wird.

Über 8600 Vogelarten kennen wir auf der Erde, davon treffen wir über 400 Vogelarten in Mitteleuropa an. Vögel bevölkern die verschiedensten Lebensräume, ja man kann sagen: Vögel – wo findet man sie nicht? Jeder Vogel hat seinen Platz im „Haushalt der Natur". Jeder hat seinen eigenen Beruf und seine Aufgabe und ist auch dementsprechend ausgestattet mit seinem Werkzeug.

Vögel stellen zwar nicht das gesamte Spektrum der Tierwelt dar, sie sind aber als Spitzenglieder in den Nahrungsketten besonders gute Indikatoren für den Zustand der Natur. Die Zahl der Vogelarten in den Gärten und Anlagen ist ein untrügliches Zeichen für den Wert eines Gartengrundstücks und für die Umwelt.

Unsere Vögel erfüllen wichtige Aufgaben und sind wertvolle Helfer im Kampf gegen das Millionenheer der Schadinsekten. Vögel sind biologische Schädlingsbekämpfer. Zum Beispiel vernichtet ein Meisenpaar mit seinen beiden Bruten im Jahr 180 Pfund Raupen, Schädlinge und Schädlingseier.

Ein 20 Gramm schwerer Vogel frißt das Doppelte seines Gewichts an Insekten.

Rund 150 Millionen Jahre waren nötig, damit sich die Vogelwelt zu ihrer heutigen Artenvielfalt entwickeln konnte. Dieses wunderbare Naturkleinod dürfen wir nicht in einem Jahrhundert ausrotten.

In der Bundesrepublik kommen bzw. kamen 238 Vogelarten regelmäßig brütend vor. 20 Brutvogelarten sind bereits ausgestorben und 78 akut bedroht. Wenn das Waldsterben weitergeht, werden ungefähr 80 weitere, bisher nicht gefährdete Arten bei uns verschwinden oder drastisch im Bestand abnehmen. Jede zweite Vogelart steht auf der „Roten Liste“ der bestandsbedrohten Tierarten.

Wieviele Vögel noch immer auf ihrem jährlichen Zug in die Winterwärme Afrikas gefangen werden – fast zwei Drittel aller einheimischen Vogelarten sind Zugvögel – vermag niemand genau zu sagen. Man schätzt, daß es allein in Italien jährlich über 150 Millionen, in Frankreich 30–40, in Belgien 10–20 und auf Zypern etwa sieben Millionen sind. Die meisten Opfer sind kleine Singvögel: Lerchen, Drosseln, Finken, Hänflinge, Ammern, Pirole, Mönchsgrasmükken, Ortolane und Rotkehlchen.

Viele bei den Vogelfängern besonders begehrte Arten wie Dompfaff, Birkenzeisig, Stieglitz und Grauammer sind im Grenzland nach Belgien als Brutvögel bereits so gut wie ausgerottet.

Man kann darüber entrüstet sein und nicht begreifen, daß Menschen so rücksichtslos gegen die Natur handeln. Handeln wir aber anders? Bei uns tötet man die Vögel nicht, doch man entzieht ihnen den Lebensraum durch Flurbereinigung, Intensivierung der Landwirtschaft; beispielsweise durch Umbruch von Wiesen, Landschaftspflege, Monokulturen, chemische Behandlung der Felder, Vernichtung der Nahrungsgrundlage durch Pflanzenschutzmittel und Beseitigung von Hecken und Hochstammobstbäumen (Streuobstwiesen). So ist es kein schlagartiges Massensterben, aber doch der schleichende Tod der Vögel.

Durch Mechanisierung, Technisierung und Rationalisierung und durch Monokulturen wird unsere einheimische Tierwelt – dabei ganz besonders die Vögel – mehr und mehr in ihrem Bestand bedroht. Ihr Lebensraum wird ständig mehr eingeengt und vergiftet, die Fortpflanzungs- und Ernährungsmöglichkeiten werden gravierend beeinträchtigt.

Von 457 untersuchten Eiern aus 19 einheimischen Vogelarten enthielten alle Eier Rückstände von Umweltgiften. Jedes Ei wies mindestens von einer Giftart eine höhere Menge auf, als nach der Höchstmengenverordnung für menschliche Lebensmittel zulässig ist.

Die Schädlingsgifte können sich auch in den Gehirnen vieler Zugvogelarten katastrophal auswirken. Das hochkomplizierte Vogelzugsystem unserer überkontinental ziehenden Vögel kann dadurch Gefahr laufen, zusammenzubrechen. Zugvögel nehmen unterwegs mit ihrer Nahrung Gift auf. Sie fallen der Ölpest zum Opfer, wenn Schiffe Öl ablassen oder Tanker stranden. Sie sterben den Stromtod, wenn es ihnen nicht gelingt, durch unsere verdrahtete Landschaft zu lavieren und sie werden von Jägern geschossen und gefangen.

Die ziehenden Vögel brauchen auf ihrer Reise Rastplätze, auf denen sie ungestört ruhen können und wo sie Nahrung finden.

Die Naturschutzgebiete, die etwa ein Prozent der Bundesrepublik ausmachen, können den Artenschwund nicht aufhalten. Deshalb ist eine Neuorientierung dringend notwendig. Jeder kann durch seine Möglichkeiten in Garten und

Der Neuntöter (Lanius collurio) war früher häufig, ist heute fast verschwunden.

Haus dazu beitragen. Naturschutz, und damit auch Vogelschutz, besteht nicht nur aus Großprojekten, auch ein geringer Einsatz kann wirksame Hilfe leisten. Naturschutz bzw. Vogelschutz fängt bei jedem vor der Haustüre an.

In Italien, wo die Vogelmörder am ärgsten wüten, muß ein Bauer, der seine Obstbäume früher viermal im Jahr gespritzt hat, sie heute 20mal spritzen. In Deutschland, Frankreich, den Niederlanden und der Schweiz leiden die Wälder durch das Schwinden der Singvögel sichtbaren Schaden.

Es ist für uns alle Pflicht und Aufgabe, dabei mitzuhelfen, unsere Vogelwelt zu erhalten. Vögel sind unsere wichtigsten Bioindikatoren, wir sind auf sie angewiesen.

In Konsequenz dessen kommt dem Verhalten im eigenen Garten eine außerordentliche Bedeutung zu. Hier kann jeder seinen eigenen Beitrag zu einem sehr wichtigen Zeitproblem einbringen. Vogelschutz kann kraft Gesetz kaum verordnet, sondern muß von uns allen gemeinsam getragen werden. Dabei kommt es neben dem Wissen verstärkt auf das Gewissen an.

Verhindern wir gemeinsam den Einzug des „Stummen Frühlings" in unserer Heimat.

O Mensch, wach auf!

*Das Mondlicht liegt auf den Dächern wie Reif,
verzaubert die Landschaft wie Schnee.
Doch Giftgasdünste verpesten die Luft,
man wagt kaum zu atmen, o weh!*

*Was hat der Mensch aus der Schöpfung gemacht
mit seinem gewitzten Verstand?
Die Luft verpestet, das Wasser verseucht,
verschandelt das Meer und das Land.*

*Die Vogelwelt und die Fische gehen ein,
der Bienen unendliche Zahl.
Verseuchter Regen vergiftet das Land,
verschont nicht das einsamste Tal.*

*Gesunder Pflanzenwuchs kann nicht gedeihn,
kaum Schmetterlinge fliegen umher;
verstummt erst im Frühling der Vögel Gesang,
dann lohnt sich das Leben nicht mehr.*

*O Mensch, wach auf, eh' dein Los dich ereilt
und die Welt aus den Fugen gerät!
Denn für die Umkehr – Gott sei es geklagt –
wäre es sonst schon zu spät.*

Ruthild Nagel

Gequälte Tierschöpfung durch Menschenhand

Wohl eines der traurigsten und menschenunwürdigsten Kapitel ist die Vivisektion. Die lateinischen Worte „vivum“ und „secare“ lauten auf deutsch „Lebendes zerschneiden“, also Tierversuch am lebenden Tier.

In den USA werden jährlich etwa 35 Millionen Versuchstiere zu Forschungszwecken unter grausamen Qualen ums Leben gebracht; in England etwa 5,8 Millionen und in der Bundesrepublik etwa 20 Millionen.

In den USA sind unter den Versuchstieren jährlich rund 500 000 Hunde, 200 000 Katzen und fast 100 000 Affen.

Die Tiere werden lebend aufgeschlitzt, zersägt, verbrüht, in brennbare Flüssigkeit getaucht und lebend angezündet. Sie werden rasiert und darauf mit Firnis zu Tode lackiert.

Ihnen wird zum Teil der Schädel angebohrt, das Gehirn schichtweise abgetragen oder fortgeätzt oder mit Glüheisen versengt, die inneren Organe werden zerstört, herausgeschnitten oder unterbunden; der After wird zugenäht und der Harngang zugeklebt. Bei vollem Bewußtsein werden ihnen die Nerven freigelegt, hervorgezogen und mechanisch oder mit elektrischen Stromstößen gereizt.

Manchen werden die Augen zugenäht oder herausgeschält, Glieder gebrochen oder verrenkt, die Beine zu Brei zerhämmert. Man verpflanzt beliebig Organe, verbindet sie miteinander, koppelt zwei Herzen oder zwei Köpfe und läßt die Tiere weitervegetieren. Man zwingt Tiere unaufhörlich zu rennen oder zu schwimmen, bis sie sterben, die Tiere werden auf Drehscheiben solange herumgewirbelt, bis sie blödsinnig werden.

Man kann unmöglich die mannigfaltigen Grausamkeiten aufzählen, die den Tieren von Menschen angetan werden. Dabei dienen 90 Prozent aller Tierversuche rein kommerziellen und militärischen, also Geschäfts- und Vernichtungszwecken und haben mit dem „Wohl der leidenden Menschheit" nicht das Geringste zu tun!

So ist Tierkrebs ein anderer Krebs als Menschenkrebs. Aus diesem Grunde hat die Krebsforschung trotz unzähliger Versuche an Tieren, denen man menschliche Krebszellen einpflanzte oder die man mit angeblich krebserzeugenden Stoffen behandelte, keine Fortschritte erzielt.

Der große Arzt und Schriftsteller Dr. med. Erwin Liek schrieb schon vor Jahrzehnten: „Der Tierversuch hat mit Exaktheit nichts zu tun. Der Laie ebenso wie der Mediziner muß wissen, daß keine einzige menschliche Krankheit auf Meerschweinchen übertragbar ist. Das klingt ungeheuerlich, aber es ist wahr."

Fast 50 Prozent aller organischen Krankheiten haben teilweise oder ausschließlich seelische Ursachen: Umwelteinflüsse familiärer oder beruflicher Art, Erziehungsfehler, schwere Erlebnisse, Fehleinstellung zum Leben, Einsamkeit, Ungeborgenheit, Lebensangst und seelische Not; dies alles wirkt ganz entscheidend bei der Entstehung von Krankheiten mit.

Trotz der vivisezierenden Wissenschaft nehmen die schlimmsten Krankheiten wie Krebs, Asthma, Ekzeme, Herz-, Kreislauf-, Verdauungskrankheiten usw. fortwährend zu, und immer neue Viruskrankheiten treten auf.

Einer der größten deutschen Pharma-Hersteller benötigte zum Durchprüfen von etwa 5000 Substanzen, von denen sich schließlich nur eine hinreichend bewährte, 500 000 Ratten, 200 000 Mäuse und 50 000 größere Versuchstiere.

Damit die Vivisektoren in ihrer Arbeit nicht gestört oder etwa in ihrem Gewissen aufgerührt werden, schneidet man den Tieren die Stimmbänder durch, um sie daran zu hindern, ihre Schmerzen durch Heulen kundzutun. Oder man fesselt die Tiere in besondere Aufspannungs-Apparate, damit sie sich weder wehren noch bewegen können. Wer denkt schon an die entsetzlichen seelischen Qualen dieser hilflosen Tiere, an ihre grauenhafte Angst, wenn sie merken, was ihnen bevorsteht?

Prof. Dr. Ronald Drewett von der britischen Universität Durham nannte solche Versuche „unmenschlich und beschämend". Tiere sind absolut wehrlos. Deshalb ist Tierquälerei in jeder Form feige. Tiere sind vollkommen auf unsere Hilfe angewiesen.

Sir Charles Bell, einer der größten Physiologen und Chirurgen aller Zeiten, sagt in seinem Hauptwerk: „Die Methode, lebende Tiere – angeblich im Dienste der Wissenschaft – aufzuschneiden, sie im buchstäblichen Sinne des Wortes lebendig zu zerstückeln, Vivisektion genannt, ist meiner Beurteilung nach zu verdammen: Erstens, weil sie durchaus unnotwendig ist, zweitens, weil sie anstelle anderer Methoden, der Methoden des Beobachtens und Denkens tritt, denen ein unendlich größerer Vorzug gebührt und gegen welche niemand Einwendungen erheben kann. Weiter, weil sie ein grober und grausamer Mißbrauch der Macht ist, weil wir durch ihre Ausübung in Wirklichkeit jeden Anspruch einbüßen, für uns selbst Barmherzigkeit zu erlangen."

Vom ethischen Standpunkt aus ist es nicht erlaubt, Leben zu zerstümmeln oder zu vernichten in der Absicht, Einsicht in das Leben zu erhalten.

Kein Mensch hat das Recht, andere Lebewesen zu Sklaven zu machen, zu peinigen und zu ermorden.

Wer die Tierfrage als zweitrangig betrachtet, besitzt keine Menschlichkeit. Deshalb ist es eine Gewissenspflicht, für eine Beendigung der Vivisektion zu kämpfen.

Auch für die Vivisektion und für uns alle gilt das Christuswort: „Was ihr (nicht) getan habt einem unter diesen meinen geringsten Brüdern, das habt ihr mir auch (nicht) getan."

Das ist die eine Seite unserer hochentwickelten christlichen Zivilisation, die andere Seite aber, die sich in der Massentierhaltung abspielt, nehmen viele ohne Gegenreaktion hin.

Ich möchte deshalb hier noch einmal wiederholen, was ich bereits in einem Kapitel meines Buches „Ernährung mit Vernunft" schon erwähnt habe:

„Wenn es ein Tierschutzgesetz gibt, das Tiere vor grausamer Behandlung schützt, so gibt es wenig Schutz für inhumane Aufzucht- und gewissenlose Schlachtmethoden. Meist wird das Vieh beim Schlachten nur betäubt, damit das Herz noch lange schlägt und man möglichst viel Blut aus dem Körper herauspumpen kann. Das bewußtlose Tier wird gebunden, an den Hinterbeinen aufgehängt und schnell mit einem langen, zweischneidigen Messer in die Brust oder in den Hals gestochen.

Hühner werden in großen Geflügelschlachthäusern mit den Füßen an einem Fließband oder einer Kette befestigt, bei vollem Bewußtsein durch den Raum transportiert, bis ihre Hälse von einem messerschwingenden Menschen oder einer sich maschinell bewegenden Klinge durchschnitten werden, daß die Köpfe nur noch lose am Hals hängen.

Jeden Tag werden Tausende unschuldiger friedliebender und wehrloser Geschöpfe geschlachtet, im allgemeinen nicht, um die notwendige Nahrung zu sichern, sondern um die Nahrungsgewohnheiten der Menschen zu stillen. Allein in den USA werden in einem Jahr so viele Tiere geschlachtet, wie Menschen auf der Erde leben. Jeder Amerikaner verzehrt jährlich etwa so viel Fleisch, wie sein Körpergewicht ausmacht.

Das weltweite Schlachten wird damit gerechtfertigt, daß man es als human bezeichnet. Ob man human mit Schlachtung überhaupt auf einen Nenner bringen kann, ist fraglich, denn human bedeutet, Mitgefühl, Sympathie und Achtsamkeit gegenüber anderen Menschen und Geschöpfen. Die Achtung vor den Rechten anderer hört nicht beim Menschen auf, sondern alles Leben verdient Achtung, Mitgefühl und Ehrfurcht.

Sehr viele Tiere züchtet man nur mit dem Ziel, sie bald zu schlachten, und dabei werden die Bewegungsmöglichkeiten des Tieres radikal eingeschränkt. Bei Schweinen wird die normale Lebensdauer von 10 bis 12 Jahren auf vier bis sechs Monate verkürzt. In dieser Zeit dürfen sie auf engstem Raum nur fressen, trinken und zunehmen. Schweine sind aber intelligente und empfindsame Tiere, die auf Streß und Langeweile intensiv reagieren.

Es gibt Hühner, die nie das Tageslicht sehen oder den natürlichen Erdboden fühlen. Sie haben nur eine Wahl, das mit chemischen Zusätzen und Antibiotika versehene Futter zu fressen. In den riesigen Hühnerhäusern, wo jedem Huhn oder Brathähnchen nur ganz wenig Bodenfläche zur Verfügung steht, müssen sie sich durch die Körperwärme selbst aufheizen.

Da auch bei ihnen Streßsituationen entstehen, werden sie häufig krank und hacken einander heftig. Damit sie sich nicht zu sehr schaden, wird ihr Schnabel mit einem elektrisch erhitzten Messer beschnitten.

Kälber werden oft drei bis vier Tage nach der Geburt der Mutter weggenommen, obwohl auch sie die Zuneigung und den Hautkontakt der Mutter brauchen. Das Kalb wird in einen Lattenverschlag mit nacktem Boden ohne Stroh oder andere Unterlagen gesperrt, gerade groß genug zum Stehen oder Liegen. Zum Ausstrecken ist kein Platz, das Tier kann sich oft nicht einmal umdrehen.

Weißes, zartes Kalbfleisch kommt von einem schlecht ernährten, blutarmen Tier. Es wird mit einer eisenarmen Flüssigkeit aus Trockenmilch und verschiedenen Zusätzen ernährt. Zudem stehen manche Kälber in dunklen Ställen und verlassen ihr Gefängnis erst, wenn sie schlachtreif sind.

Das Töten der Tiere ist ein häßliches Geschäft, vor allem weil es ohne Notwendigkeit geschieht. Christian Morgenstern hatte folgende Überzeugung: „Wenn der modern Gebildete die Tiere, deren er sich als Nahrung bedient, selbst töten müßte, würde die Anzahl der Pflanzenesser ins Ungemessene steigen."

Die Gewissensfrage besteht darin, ob der Mensch zu seiner Ernährung unbedingt Fleisch der Tiere braucht, oder ob er ohne dasselbe gesund leben kannn.

Brigid Brophy schreibt in ihrem Buch „The Rights of Animals": „Selbst wenn wir unsere Mindestpflicht erfüllen und keinen Schmerz zufügen, haben wir meiner Meinung nach kein Recht, Tiere zu töten. Ich weiß, ich hätte kein Recht, Sie zu töten, selbst wenn es schmerzlos geschähe. Stellen Sie sich vor, ich dürfte Sie töten, bloß weil Sie mir gut schmecken würden! Ich bin nicht befugt zu beurteilen, ob Ihnen Ihr Leben mehr wert ist als dem Tier das seine."

Bauernhof in der Lüneburger Heide

Wenn das mosaische Gesetz verbietet zu töten, so steht nirgends, daß sich dies nur auf Menschen beschränkt. Wieviel mehr sollte in der Erkenntnis des Evangeliums, das sich auch auf das mosaische Gesetz stützt und das darüber hinaus einlädt, das Gute zu tun, die Gewissensfrage bestehen, daß man allen Geschöpfen ein Wohltäter ist. Wenn ich aber allen Mitgeschöpfen mich als Wohltäter erweisen möchte, darf ich vom christlichen Standpunkt aus nicht nur selber kein Totschläger sein, sondern den Totschlag auch nicht irgendwie begünstigen, indem ich z. B. das von anderen Totgeschlagene kaufe oder verzehre.

Der Prophet Jesaja sagt im 66. Kapitel Vers 3: „Wer einen Ochsen schlachtet, ist wie einer, der einen Menschen erschlägt". Ein zeitgenössischer Philosoph, Peter Singer, meint zu diesem Thema: „Wenn ein Lebewesen leidet, gibt es keine moralische Rechtfertigung, dieses Leiden nicht zur Kenntnis zu nehmen."

Manipulierte Schöpfung durch Gentechnik

Die Gentechnik ist in letzter Zeit immer mehr in den Mittelpunkt des öffentlichen Interesses gerückt, wie dies nur mit der Nutzung der Atomenergie geschehen ist. Nach Auffassung der Bundesregierung handelt es sich hier um eine Schlüsseltechnologie der Zukunft. Offensichtlich werden nur sehr wenige naturwissenschaftliche und politische Informationen bekannt; die Versuche laufen unter dem Ausschluß der Öffentlichkeit. Diese neue Technologie wird von den Interessen großer Industriefirmen bestimmt, die die Forschung bezahlen und Patente erwerben. Die Gentechnik birgt ungeheure Risiken und Gefahren in sich, die kaum kontrollierbar sind.

Vor über 45 Jahren gelang den Forschern um Avery und Mac Lead die Entdeckung der Desoxyribonukleinsäure, kurz DNS (engl. DNA) genannt. Es ist die Substanz in den Chromosomen, die die Erbmerkmale speichert und in die nächste Generation weiterträgt. Die DNS ist ein einfach gebautes Molekül aus den vier Bausteinen Adenin, Thymin, Guanin und Cytosin in wechselnder Anordnung. Der Begriff „Gen" stammt aus dem Griechischen und bedeutet „erzeugen". Die Gene sind auf den Chromosomen angeordnet und bestimmen die Merkmale eines Organismus. Ein einzelnes Gen kann durchaus ein Stück DNS-Treppe von 2000 Stufen ausmachen. Mit der Entdeckung der DNS war die Grundlage der Gentechnologie gelegt.

Die Gentechnik macht sich die Tatsache nutzbar, daß der Aufbau der Erbsubstanz (DNS) gleiche Strukturen in allen Lebewesen zeigt.

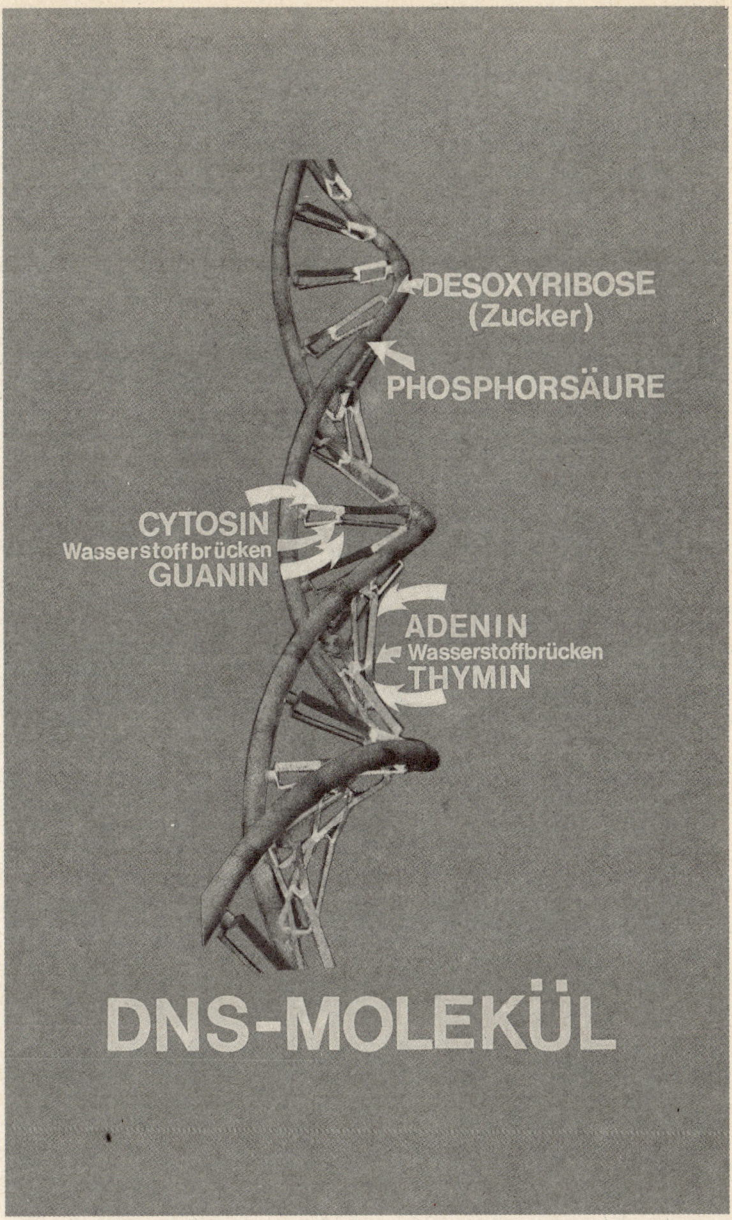
DESOXYRIBOSE
(Zucker)
PHOSPHORSÄURE
CYTOSIN
Wasserstoffbrücken
GUANIN
ADENIN
Wasserstoffbrücken
THYMIN
DNS-MOLEKÜL

DNS-Molekül

Bis jetzt konnten Züchter nur die Eigenschaften naher verwandter Arten miteinander vereinigen. Durch die Gen-Technik können Artgrenzen willkürlich übersprungen und das Erbreservoir der gesamten Evolution angezapft werden. Auch kann man das Erbgut verschiedener Lebewesen miteinander verschmelzen, egal ob Fisch, Mücke, Erbse oder Mensch. Der Gen-Manipulation sind theoretisch keine Grenzen gesetzt. Die Erbsubstanz (Desoxyribonukleinsäure) wird aus Blut- und Samenzellen isoliert. Der DNS-Strang wird durch Restriktionsenzyme in kleine Stücke zerlegt. Diese lassen sich dann einzeln „klonen", das heißt identisch vermehren. Die Bruchstücke werden mit einem Plasmid (ringförmiges Stück DNS) zusammengeklebt. Die Fragmente müssen in Bakterien eingeschleust und vermehrt werden. Unter günstigen Bedingungen teilt sich ein Bakterium sehr schnell und bringt es innerhalb 12 Stunden auf knapp 1 Million Nachkommen. Biologen können aus einer einzigen Zelle im Labor eine ganze Pflanze aufziehen. Die Gen-Techniker wollen Pflanzen schaffen, die resistent gegen Schädlinge und Krankheiten sind, die keinen Dünger brauchen und hohe Erträge bringen. Sie wollen auch für die Rinderzucht Wachstumshormone, damit die Tiere schneller Fleisch ansetzen und mehr Milch produzieren.

Diese Neukombinationen genetischen Materials werfen bereits große Probleme wissenschaftlicher und ethischer Art auf. Die Gentechnik ist inzwischen in Bereiche vorgestoßen, in denen der Respekt vor dem Leben nicht erkennbar ist. Immer mehr Lebewesen mit verändertem Erbgut sind für den Einsatz in der freien Natur vorgesehen. Über 30 Freisetzungsversuche haben bereits weltweit stattgefunden.

Mit der Freisetzung von genetisch manipulierten Organismen werden heute schon Fakten geschaffen, denn ein einmal freigesetztes Lebewesen – ob Pflanze, Tier, Bakterium oder Virus – ist nicht mehr rückholbar.

Die große Diskussion über Sinn und Unsinn der Gen-Technik ist entbrannt. Ökologen fordern, erst die Möglichkeiten und Risiken der neuartigen Lebewesen und Pflanzen zu ergründen. Ziele, deren Realisierung schon im Ansatz erkennbar falsch ist, müssen mit einem Verbot belegt werden, da die Gentechnik für Natur und Mensch derart weitreichende und noch kaum vorherzusagende Risiken einschließt. Die Gefahren kann niemand abschätzen.

Wer von uns weiß, ob und wo nicht Bakterien und Viren freigesetzt werden, die den Untergang bringen? Lawineneffekte sind da nicht auszuschließen. Sehr oft handelt es sich bei den gezielten Genmanipulationen um Krankheitserreger oder um Lebewesen mit hoher Vermehrungsrate. Kein Gesetz und keine Richtlinie zwingen die Wissenschaftler, entsprechende Angaben zu machen oder verbieten Gen-Versuche. Es liegt nahe, daß Länder der dritten Welt als Experimentierfelder für Gentechnik-Versuche mißbraucht werden.

Im Sommer 1986 haben sich in einer Provinz Argentiniens manipulierte Organismen unkontrollierbar ausgebreitet. Zweieinhalb Jahre später bewiesen Untersuchungen, daß sie die ersten Menschen infizierten. Noch ist nicht klar, wie groß die Schäden sind, ob sie sich zum „größten anzunehmenden Unfall“, dem Gentechnik-GAU, ausbreiten. Experten halten das biologische Restrisiko für vertretbar (diese Aussage kennen wir bereits schon jahrelang von den Betreibern der Atomenergie) und sie sehen keinen Grund, den weiteren Fortschritt aufzuhalten.

„Fortschrittlich“ sind auch die verborgenen Entwicklungen in verschiedenen Ländern mit Bio-Waffen. Es ist heute denkbar, mit gentechnisch aufgearbeiteten Gen-Bomben die Bevölkerung eines ganzen Landes zu vernichten (ohne Kriegserklärung).

Der Philosoph Friedrich Nietzsche sagte einmal: „Der Zweck der Wissenschaft ist Weltvernichtung." (Wenn sie nur ökonomisch und nicht ökologisch orientiert ist.)

Dr. Hermann Klingler warnt angesichts der riesigen Gefahren der Gentechnologie uns alle: „Es ist an der Zeit, meine Freunde, daß wir – die wir ungebunden und frei von ökonomischen Rücksichten sind, getrieben von den Vorstellungen eines natürlichen Humanismus und frei von einer verkrüppelten Ethik – uns erheben und uns vor eine gefährdete Natur stellen, denn wir dürfen uns nicht dereinst an unseren Gräbern von unseren Enkeln und Urenkeln bespeien lassen, weil es uns an Mut und Aufrichtigkeit gemangelt hat. Naturschutz unserer Tage ist nicht sonntägliche Naturschwärmerei in der Gartenlaube, es ist ein harter Kampf, in dem man sich Wunden zuzieht. Es sind diese Wunden, die uns geschlagen werden und doch zur Ehre gereichen. Laßt uns den Kampf gegen eine Entartung der Wissenschaft beginnen, die aus sich selbst heraus ihre Grenzen zum Diabolischen nicht abstecken kann. Wer kann uns in Zukunft noch vor den selbst produzierten Gefahren schützen, wenn nicht bereits zu Beginn alles getan wird, um dem codierten Selbstmord des menschlichen Geschlechts und der Vernichtung der Schöpfungsgeschichte entgegenzuwirken?"

Müllverbrennung, unser Schicksal?

Ein großes Umwelt- und Mitweltproblem ist der täglich wachsende Müllberg. Bis zum Ende des Zweiten Weltkriegs schätzte man pro Einwohner und Jahr etwa 100 kg Abfall. Zur Zeit haben wir mehr als das Dreifache. Dazu kommen noch die Abfälle aus Läden, Restaurants und Betrieben, das ergibt fast 500 kg Abfall pro Bürger und Jahr.

Tag für Tag, Woche für Woche, Monat für Monat und Jahr für Jahr treten die Reste der angeblich unverzichtbaren Dinge des Lebens den Weg auf die bedrohlich wachsenden Müllberge an. Fachleute sprechen von einer Müll-Lawine, die uns in den nächsten Jahren zu überrollen droht. Sie sehen in der Müllverbrennung den einzigen Weg, dieser Müll-Lawine Herr zu werden.

Die Frage der Müllentsorgung ist deshalb ein lebenswichtiges Problem für uns und für die Zukunft von entscheidender Bedeutung.

An erster Stelle muß die Abfallvermeidung stehen. Zur Verringerung und zur Vermeidung von Abfällen kann jeder beitragen. Es sollte für alle Haushalte und Gewerbebetriebe eine Sortierpflicht des Mülls verordnet werden. Organische Haus- und Gartenabfälle können selbst im Garten kompostiert werden oder, in grünen Bio-Tonnen gesammelt, einer Kompostierung zugeführt oder in Biogasanlagen verwertet werden. Hierbei kann man auch über die Kompostierung durch entsprechende Wertaufbereitung Müll in einen inerten wasserfreien Faserstoff umwandeln, der dann als Ausgangspunkt in der Bauindustrie ein weites Feld von Anwendungsmöglichkeiten hat.

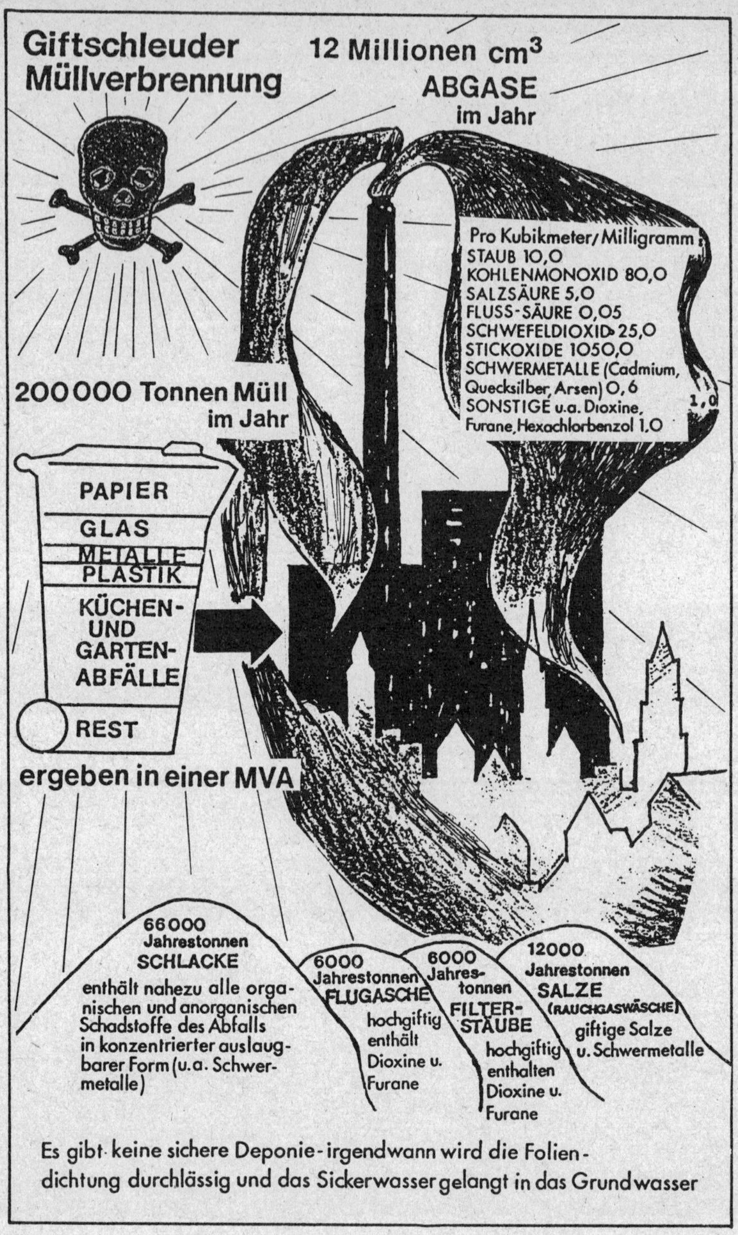

Giftschleuder
Müllverbrennung
12 Millionen cm3
ABGASE
im Jahr
Pro Kubikmeter/Milligramm
STAUB 10,0
KOHLENMONOXID 80,0
SALZSÄURE 5,0
FLUSS-SÄURE 0,05
SCHWEFELDIOXID 25,0
STICKOXIDE 1050,0
SCHWERMETALLE (Cadmium, Quecksilber, Arsen) 0,6
SONSTIGE u.a. Dioxine, Furane, Hexachlorbenzol 1,0
200 000 Tonnen Müll
im Jahr
PAPIER
GLAS
METALLE
PLASTIK
KÜCHEN- UND GARTEN-ABFÄLLE
REST
ergeben in einer MVA
66000 Jahrestonnen
SCHLACKE
enthält nahezu alle organischen und anorganischen Schadstoffe des Abfalls in konzentrierter auslaugbarer Form (u.a. Schwermetalle)
6000 Jahrestonnen
FLUGASCHE
hochgiftig enthält Dioxine u. Furane
6000 Jahrestonnen
FILTER-STÄUBE
hochgiftig enthalten Dioxine u. Furane
12000 Jahrestonnen
SALZE
(RAUCHGASWÄSCHE)
giftige Salze u. Schwermetalle
Es gibt keine sichere Deponie - irgendwann wird die Foliendichtung durchlässig und das Sickerwasser gelangt in das Grundwasser

Wenn man die von Prof. Rochlitz und von verschiedenen Naturschutzvereinen und Bürgerinitiativen geforderte und bis jetzt noch versäumte Müllvermeidung bzw. Müllreduzierung und die konsequente und bewußte Müllverwertung ins Auge faßt, so könnte der Müllberg um fast zwei Drittel verringert werden. Nur etwa noch 30 Prozent der jetzigen Müllmenge stünden zur Entsorgung an. Das ist genau soviel, wie durch Müllverbrennung als Verbrennungsrückstand bleibt.

Bei einer Verbrennungsmenge von 1000 Tonnen Müll gehen 5500 Nm^3 gifttragender Abgase in die Luft. Es verbleiben etwa 300 Tonnen Schlacke, 38 Tonnen besonders giftige Flugasche und Filterstaub und 16 Tonnen Sorptionsrückstände. Trotz des Einsatzes einer intensiven Gaswäsche und der Verwendung von chemischen Additiven bleibt hochgiftiger Abfallmüll, der auf Sonderdeponien gebracht werden muß. Die wasserlöslichen Giftstoffe des Sondermülls können nach einiger Zeit ins Grundwasser gelangen, da es noch keine ganz sichere Deponie gibt, die nicht vom Regenwasser ausgewaschen wird.

Hausmüll enthält mehr als 1,5 Prozent organische Chlor- und mehr als 0,6 Prozent Fluor-Verbindungen, die bei der Verbrennung zusammen mit anderen im Müll befindlichen Stoffen zu Ultragiftbildungen, zu speziellen Dioxinen und Furanen führen können. Diese bilden sich schon bei einigen 100 Grad im Feuerraum der Müllverbrennungsanlage und werden ab etwa 800 Grad wieder vernichtet. Jedoch in der Abkühlphase der Rauchgase bilden sie sich erneut, wobei die Flugasche als Katalysator wirkt. Durch Hochtemperaturverbrennung ist deshalb eine endgültige Dioxin- und Furanvernichtung durch die nachgewiesene Wiederaufchlorierung in der Rauchgasabkühlphase nicht möglich.

Müllverbrennungsanlagen blasen somit auch das berüchtigte Seveso-Gift TCDD (Dioxin), das 67 000 mal giftiger ist als Zyankali, in die Luft und sorgen für seine Verbreitung in der Umwelt.

Am 31. Mai 1988 wurde in der Presse berichtet, daß die Dioxinemissionen der Müllverbrennungsanlage Essen-Karnap den von der Landesregierung festgelegten Grenzwert von 0,1 Nanogramm pro Kubikmeter um nahezu das Vierfache überschreiten. In der 1987 errichteten Anlage sollen jährlich 560 000 Tonnen Hausmüll verbrannt werden. Bislang wurde sie als vorbildliches Modell modernster Technik ausgewiesen.

„Die Gefährlichkeit von komplexen Schadstoffgemischen, wie sie von Müllverbrennungsanlagen auftreten und emittiert werden, kann die Toxikologie derzeit überhaupt nicht beurteilen, da ihr hierfür die wissenschaftlichen Voraussetzungen fehlen" (Dr. Daunderer).

Im Umweltgutachten 1987 warnen die Wissenschaftler die Bundesregierung insbesondere vor einem Anstieg folgender Gifte in den Nahrungsmitteln: Dioxine, Furane, PCB, Blei, Cadmium und Nitrite. Die alarmierenden Werte lassen keine zusätzlichen Belastungen mehr zu.

Durch die Müllverbrennung werden praktisch umweltneutrale, inerte, toxikologisch harmlose oder nur gering gesundheitsgefährdende Stoffe teilweise zu gefährlichen Umweltschadstoffen und Giften, die fein verteilt und unkontrolliert in die Umwelt abgegeben werden. Die Natur kann viele davon nicht mehr abbauen, Boden und Wasser werden vergiftet, die Nahrungsmittelproduktion ist gefährdet, unter Umständen überhaupt nicht mehr möglich. Über die Nahrungskette gelangen die Schadstoffe letztendlich in den menschlichen Organismus, wo sie nicht mehr metabolisiert werden und schwere, bleibende Schäden verursachen können."

Professor Otmar Wassermann, der Direktor der Abteilung Toxikologie an den Kieler Universitätskliniken, warnte ganz ernst davor, die Bundesrepublik mit Müllverbrennungsanlagen zu überziehen: „Selbst mit den heutigen Verfahren mit Abgasreinigung und Elektrofiltern werden im Einzugsbereich enorme Giftmengen freigesetzt. Es handelt sich bei der Müllverbrennung um eine unkontrollierte Oxidation unselektierter Substanzen, die nicht dem üblichen Umgang mit Chemikalien entspricht. Kein Chemiker würde in einem Reagenzglas unbekannte Substanzen zusammen verbrennen."

Die Devise für alle müßte in der Zukunft deshalb sein: Zuerst vermeiden, dann verwerten und nur, was unbedingt sein muß, als Restmüll beseitigen.

Eine echte Lösung des Müllproblems ist also nur möglich durch Reduzierung und Wiederverwertung. Alle Kreisläufe der Natur sind auf Wiederverwertung eingestellt. Deshalb die Forderung nach einem Gesamtkonzept, bei dem alle Möglichkeiten der Müllvermeidung und der Müllverwertung ausgeschöpft werden und von der reinen Abfallbeseitigung zur ökologisch gebotenen Abfallwirtschaft überzugehen.

Elektromagnetische Umweltverschmutzung

Seit der Existenz unserer Erde gibt es elektromagnetische Wellen, die mit Wellenlängen von etwa 1 cm bis zu mehreren Metern aus dem Weltall, insbesondere von der Sonne, stammen. Die Lebewesen sind in irgendeiner Form an das natürliche Mikrowellennetz angekoppelt. Letztendlich arbeiten alle biologischen Informationssysteme mit elektromagnetischen Feldern und Wellen.

Durch den I. und nach dem II. Weltkrieg gab es einen enormen Anstieg von technischen elektromagnetischen Wellen, vom UKW-Rundfunk im Meterbereich über das Fernsehen im Dezimeterbereich bis zum Radar und Richtfunk im Zentimeterbereich.

Der derzeitige Flugverkehr ist auch auf dem Kontrolleinsatz von Mikrowellen aufgebaut. Satelliten und Flugkörper werden durch Mikrowellen (Radar) gesteuert.

Hochspannungsleitungen, Rundfunk- und Mikrowellensender, selbst Haushaltsgeräte hüllen uns ständig in unsichtbare Wolken elektromagnetischer Strahlung. Ja, der gesamte Äther ist mit einer unvorstellbaren technisch erzeugten Mikrowellenstrahlung angefüllt. Wir sind täglich einer bis zu zweihundertmal intensiveren elektromagnetischen Strahlung ausgesetzt als die Menschen früher. Derart extreme technische Störstrahlen bringen unsere körpereigenen Informationssysteme bei längerer Einwirkung durcheinander.

Lange Zeit galten die von den meisten Starkstromleitungen ausgehenden Energieimpulse ebenso wie Rundfunk- und

Mikrowellen als harmlos. Der amerikanische Biophysiker Andrew Marino hat die Strahlungsauswirkung auf Mensch und Tier im Umkreis von Hochspannungsleitungen an einem medizinischen Institut in Syracuse im Staat New York experimentell untersucht. Er berichtet, daß die Strahlungsintensität unmittelbar unter den Leitungen zu Wachstumshemmungen führen kann. Aber auch 100 bis 150 Meter entfernt kommt es noch zu physiologischen Auswirkungen wie Veränderungen des Blutbildes und der Pulsfrequenz, und noch in 300 Meter Entfernung sind Verhaltensstörungen wie Reaktionsverzögerungen zu beobachten.

Sowjetische Wissenschaftler haben auf die Gesundheitsgefahren von Hochspannungsleitungen hingewiesen und bereits 1970 Normen für die Aufenthaltsdauer unter einer 380–400 KV-Leitung aufgestellt. So dürfen Arbeiter sich nur etwa 180 Minuten unter einer solchen Leitung aufhalten. Nach dieser Norm dürften die Anwohner entlang einer Hochspannungsleitung nur etwa drei Stunden täglich in ihrem Haus wohnen.

Steht man unter den 15 Meter hoch über dem Erdboden hängenden Leitungen, so ist man elektromagnetischen Kräften mit einer Feldstärke von 10 Kilovolt pro Meter ausgesetzt. Man hört das Knistern der Verwandlung von Luftsauerstoff in Ozon.

In Rußland und Osteuropa ist durch Hunderte von Experimenten nachgewiesen worden, daß elektromagnetische Felder zahllose Leiden wie Bluthochdruck, Herzattacken, Kopfschmerzen, sexuelle Störungen, Benommenheit, nervöse Erschöpfungszustände und Blutkrankheit hervorrufen können.

In der Sowjetunion gibt es deshalb strenge Vorschriften, die genau festlegen, wieviel Mikrowellenstrahlung von

Siedlung unter Hochspannungsleitung Nähe Stuttgart

Rundfunksendern und Radarstationen dem Menschen zugemutet werden darf. Demnach halten die Russen schon ganz geringe Dosen elektrischen Smogs über längere Zeit für schädlich.

Russische Sicherheitsvorschriften ordnen an, daß die Strahlungsintensität regelmäßig, mindestens alle zwei Monate, überall da zu messen ist, wo Mikrowellen-Geräte betrieben werden.

Während im Westen die im Experiment nachweisbare biologische Kurzzeit-Wirkung Basis für die Grenzwertfindung ist, geht man im Osten auch von Langzeitwirkungen aus.

Wie die sowjetischen Forscher ferner feststellten, können Mikrowellenstrahlungen von niedriger Intensität außer Störungen des zentralen Nervensystems auch den normalen Rhythmus der Gehirnströme verändern, die mit dem Elektroenzephalographen (EEG) aufgezeichnet werden. Mikrowellenstrahlungen hoher Intensität riefen vereinzelt Halluzinationen und andere Störungen des Wahrnehmungsvermögens hervor.

Die englische Wissenschaftlerin Frau Dr. Monroe hat zwei Jahre lang die klinischen Effekte der elektromagnetischen Felder studiert und dabei festgestellt, daß diese Felder ähnliche Symptome erzeugen können wie sie bei Nahrungsmittel-Allergien vorkommen. Die überall gegenwärtigen elektrischen und elektromagnetischen Felder können sich für unsere biologische Synchronisation – fast alle biologischen Vorgänge im Körper sind elektrische Vorgänge – als „Sand im Getriebe“ erweisen. Sie haben einen großen Anteil an der neuen Volksseuche Allergie. Über 25 Millionen Bundesbürger sind mittlerweile Allergiker geworden.

So sind möglicherweise manche sogenannten Allergiker nichts anderes als Menschen in der ersten Mikrowellensmog-Schadensphase?

Besondes bemerkenswert ist noch eine Erfahrung aus England. Über das Dorf Fishpond wurde eine Hochspannungsleitung gezogen, und die Bewohner klagten danach über chronische Kopfschmerzen, Ohnmachtsanfälle, Erschöpfung und Depressionen. Dr. Cyril Smith von der Salford-University hat gezeigt, daß der Strom unter einer Hochspannungsleitung auch dahin führen kann, natürliche schmerzstillende Mittel, sogenannte Endophine im Gehirn zu erzeugen. Dadurch entsteht ein Gefühl von Euphorie.

Hochspannungsleitungen sollten deshalb, soweit möglich und ohne Rücksicht auf die Kosten, unter die Erde verlegt werden; eine solche Abschirmung würde die Gefahren des elektromagnetischen Smogs stark verringern.

W. Ross Adey vom Hirnforschungsinstitut der Universität von Kalifornien in Los Angeles nimmt an, daß der Elektrosmog die natürlichen biologischen Rhythmen verfälscht, die die Wach- und Schlafperioden und Tausende weit subtilerer Lebensprozesse regulieren. Das Magnetfeld der Erde und andere naturgegebene Kräfte, die rhythmischen Veränderungen unterworfen sind, beeinflussen die Synchronisierung unserer inneren Uhren. Die künstlichen elektromagnetischen Felder von Starkstromleitungen überdecken diesen natürlichen Magnetismus. Die Folge ist laut Adey, daß sich die Biorhythmen des Menschen an die Pulsationen des Elektrosmogs anpassen. Das wiederum belaste den Organismus und schwäche seine Widerstandskraft, so daß er von Krankheiten befallen wird, die er sonst abgewehrt hätte.

Nach den in der UdSSR veröffentlichten Arbeiten von Presmann sind Mikrowellen für die Informationsübertragung zwischen Zellen verantwortlich. So ist es möglich, daß die Leitgefäße der Bäume sich bei bestimmten Mikrowellen-

Frequenzen, die von Radaranlagen oder anderen Sendern benutzt werden, erweitern oder verengen. Werden die Gefäße weit, verausgaben sich die Bäume durch eine Überproduktion an Blättern und Nadeln. Verengen sich die Gefäße aber durch eine andere Frequenz, werden die Endtriebe nicht mehr versorgt, und der Baum beginnt zu sterben.

90 Prozent der Tannenbestände in Nordost-Bayern an der deutsch-tschechischen Grenze sind im Absterben begriffen. Sie liegen besonders im Hauptstrahlungsgebiet hochleistungsstarker Parabolspiegel-Radarsender und Empfänger. Auch die geschädigten Fichten und Kiefern des Bayerischen Waldes und des Oberpfälzer Waldes sind hohen Strahlungsintensitäten der Mikrowellen ausgesetzt.

Selbst in Kanada sind große Tannenbestände im Sterben, und es ist bemerkenswert, daß gerade in diesen Gegenden, nach Beobachtungen von Claus Schulte-Uebbing, viele Radaranlagen bestehen.

Über lange Zeiträume waren Bäume, abgesehen von der kosmischen Strahlung, nur dem magnetischen und elektrischen Erdfeld ausgesetzt. Das magnetische Feld der Erde ist, verglichen mit den neuen künstlichen Magnetfeldern, die in jüngster Zeit aufgebaut wurden, äußerst gering. Ebenso ist das elektrische Feld über dem Erdboden relativ schwach gegenüber den künstlichen elektrischen Feldern. (Weitere Informationen in meinem Buch: Unser Wald darf nicht sterben.)

Viele Fragen über biologische Wirkungen der elektromagnetischen Strahlenbelastung sind noch nicht geklärt. Es ist offensichtlich, daß die heute gültigen Grenzwerte für Mikrowellen wichtige Möglichkeiten der Gesundheitsgefährdung nicht nur einzelner, sondern der gesamten Bevölkerung völlig unberücksichtigt lassen.

Im Vergleich zu anderen Ländern ist die Bundesrepublik führend, was die Freizügigkeit der Mikrowellenbelastung anbelangt.

Während in manchen Ländern (z. B. DDR, Sowjetunion) auch nicht-thermische Wirkungen Eingang in die Grenzwertfestsetzung fanden, werden bei uns ausschließlich thermische Wirkungen berücksichtigt.

Wenn nicht in naher Zukunft angemessene Vorkehrungen und Kontrollen eingeführt werden, die auch auf einem grundsätzlichen Verständnis der biologischen Wirkungen elektromagnetischer Strahlung basieren, werden wir in ein Zeitalter der Umweltverschmutzung durch Energie eintreten, welche mit der chemischen Umweltverschmutzung vergleichbar ist.

Deshalb steht hier die Forderung nach Wiederherstellung einer gesunden strahlenbiologischen Umwelt.

Radioaktive Strahlenbelastung

Es gibt noch sehr viele Mitwelt- und Umweltgefahren, auf die ich im einzelnen in diesem Buch nicht näher eingehen kann. Aber eine Hauptgefahr, die nicht nur für unsere, sondern auch für nachfolgende Generationen von gravierender Bedeutung ist, ist die künstlich erzeugte Radioaktivität. Es ist eine Strahlung mit einer heimtückischen Zerstörungskraft. Sie schmerzt nicht und ihre Folgen sind anfangs nicht feststellbar. Kein Lebewesen ist gegen Radioaktivität so empfindlich wie der Mensch.

Es gibt eine natürliche radioaktive Grundstrahlung, die aus dem Weltall und aus dem Boden auf uns wirkt. Mit dieser Strahlung steht alles Leben seit Anfang der Schöpfung im biologischen Gleichgewicht.

Bei der sogenannten „friedlichen" Nutzung der Atomenergie entstehen weltweit ungeheure Mengen von Radioaktivität. Es handelt sich um den gleichen Vorgang wie bei der Explosion einer Atombombe, nur in zeitlich gedehnter, „gebremster" Form. Radioaktivität besteht so lange, bis sich die Strahlung erschöpft hat. Das kann bei einigen Stoffen, je nach ihrer Halbwertzeit, Sekunden, Tage, Jahre, Jahrzehnte, Jahrhunderte oder viele Jahrtausende dauern.

Inwieweit greifen die Atomkraftwerke in die Belange unseres Lebens ein? Sie produzieren die unheimlichsten Gifte, die je gemacht wurden. Sie benutzen Uran-235 als Spaltmaterial; beim Spaltvorgang entstehen aber bis zu 200 verschiedene, langlebige radioaktive Spaltprodukte, zum Beispiel Tritium-3, Krypton-85 (Edelgas), Xenon-133 (Edelgas), Jod-131, Cäsium-137, Strontium-90, Barium-140, Zirkonium-98, Cer-144 usw.

Kernkraftwerk Grafenrheinfeld

Beim Zerfall dieser Spaltprodukte entstehen Alpha-, Beta- und Gammastrahlen. Es werden entweder Gammastrahlen oder Betastrahlen oder Alphastrahlen emittiert oder auch mehrere Strahlenarten gleichzeitig.

Die Wirkung radioaktiver Strahlung auf lebende Zellen ist einem Hagel kleinster Geschosse vergleichbar, die dort, wo sie auftreten, Moleküle und biologische Strukturen zerstören. Man spricht von ionisierenden Strahlen, da sie so viel Energie besitzen, daß sie die Moleküle der Medien, die sie durchdringen, unter Bildung elektrisch geladener Teilchen oder Ionen spalten. Gewöhnlich geschieht dies so, daß die Strahlen aus den neutralen Molekülen, durch die sie hindurchgehen, unter jeweils bestimmtem Energieaufwand ein Elektron oder mehrere Elektronen herausschlagen, bis die Energie aufgezehrt ist.

Ionisierende Atome und Moleküle verhalten sich chemisch anders als neutrale. Ionisierende Strahlung verändert den Chemismus der Zelle.

Jede primäre Energieabsorption führt zur Störung des physikochemischen Gleichgewichts und des Stoffwechsels einer Zelle und löst eine komplizierte biochemische Reaktionskette aus.

Es kommt zu gestaltlichen und funktionellen Änderungen des Zellgewebes und auf dem Weg über die Schädigung einer Gewebeart dann zu Organschäden und dadurch zu Schädigungen des Organismus.

Das in tausend kleinen Dosen ausgestoßene vielfältige Gemisch aus gefährlichen Radionukliden wird in der Umwelt verbreitet, und die tödlichen Substanzen können über die Nahrungskette eines Tages auf unserem Teller landen. Wir sehen, hören, fühlen und schmecken nichts, wenn wir die strahlenden Nuklide mit dem Essen einnehmen. So entstehen die berüchtigten inneren Strahlenquellen aus künstlicher Radioaktivität.

Die Gefahr einer radioaktiven Vergiftung wird dadurch verstärkt, daß unser Körper bei seinen Aufbau- und Stoffwechselprozessen zwischen den natürlichen Elementen und den künstlich hergestellten giftigen Radioisotopen nicht zu unterscheiden vermag. Solche Radioisotopen werden vom Körper gewissermaßen stellvertretend für natürliche Elemente eingebaut. Strontium-90 wird anstelle des Calciums in die Knochen aufgenommen. Es bestrahlt dort das Knochenmark. Da sich die blutbildenden Zellen im Knochenmark befinden, bedingt jede Strahlung in diesem Bereich ein großes Risiko für Blut- und Knochenkrebs.

Strontium-90 zerfällt mit der Zeit, dadurch entsteht Yttrium-90. Yttrium-90 wandert in die verschiedenen Organe unseres Körpers und wird in der Hypophyse (Gehirnanhangdrüse), in der Bauchspeicheldrüse und in den Keimdrüsen angereichert. In der Hypophyse kann durch Konzentration von Yttrium-90 der Hormonhaushalt gestört werden. In der Bauchspeicheldrüse kann es Krebs erzeugen. In den Keimdrüsen kann es durch radioaktive Strahlung das Erbgut verändern.

Caesium-137 gehört zu den Spaltprodukten, die in großen Mengen anfallen. Es ist dem in der Natur sehr häufigen Element Kalium ähnlich und kann in jeder Zelle eingebaut werden.

Die Edelgase Krypton-85 und die Xenon-Isotope sind gefährlich, und zwar wegen ihrer langen Lebensdauer.

Krypton-85 gab es bisher in der Atmosphäre nicht. Es wird von den KKWs in großen Mengen freigesetzt. Es ist schwerer als Luft und reichert sich in Bodennähe an. Krypton-85 dringt durch die Lungen und Bronchien in den Körper und, da es sehr gut fettlöslich ist, kann es sich im Fettgewebe und in den Körperflüssigkeiten speichern und die innere Radioaktivität erhöhen.

Außerdem verändert Krypton-85 die elektrischen Verhältnisse der Erdatmosphäre und stellt eine weitere Bedrohung für das Klima dar.

Das radioaktive Jod-131 wird vom Menschen direkt eingeatmet, oder es gelangt über die Gras-Kuh-Milch-Kette in den menschlichen Organismus. Jod-131 reichert sich in der Schilddrüse an und kann dort Krebs erzeugen.

Jod-129 wird praktisch ausschließlich von Wiederaufbereitungsanlagen abgegeben.

Jod-129 hat eine Halbwertzeit von 17 250 000 Jahren. Einmal in die Umwelt freigesetzt, bleibt es für menschliche Begriffe ewig in der Umwelt. Das radioaktive Jod ist deshalb zu fürchten, weil es leicht in den Organismus eingebaut wird.

Tritium ist radioaktiver Wasserstoff. Seine Ausbreitung ist fast nicht zu kontrollieren, denn es diffundiert durch Stahl, Beton und andere Schutzwände. Kein Verschluß oder Ventil kann dieses Gas aufhalten.

Es entweicht aus allen Kernkraftwerken, indem es in die Luft aufsteigt, von wo es mit den Niederschlägen auf die Erde zurückgelangt, oder es entweicht mit dem Kühlwasser. Da es sich genau so verhält wie Wasserstoff, kann es an dessen Stelle in die Wassermoleküle eingebaut und so mit dem Trinkwasser aufgenommen werden; es läßt sich so gut wie nicht mehr entfernen.

Wasserstoff in jedem Teil des Körpers kann durch Tritium ersetzt werden. Damit wird der Körper einer anhaltenden Bestrahlung ausgesetzt, die katastrophale Folgen zeitigt,

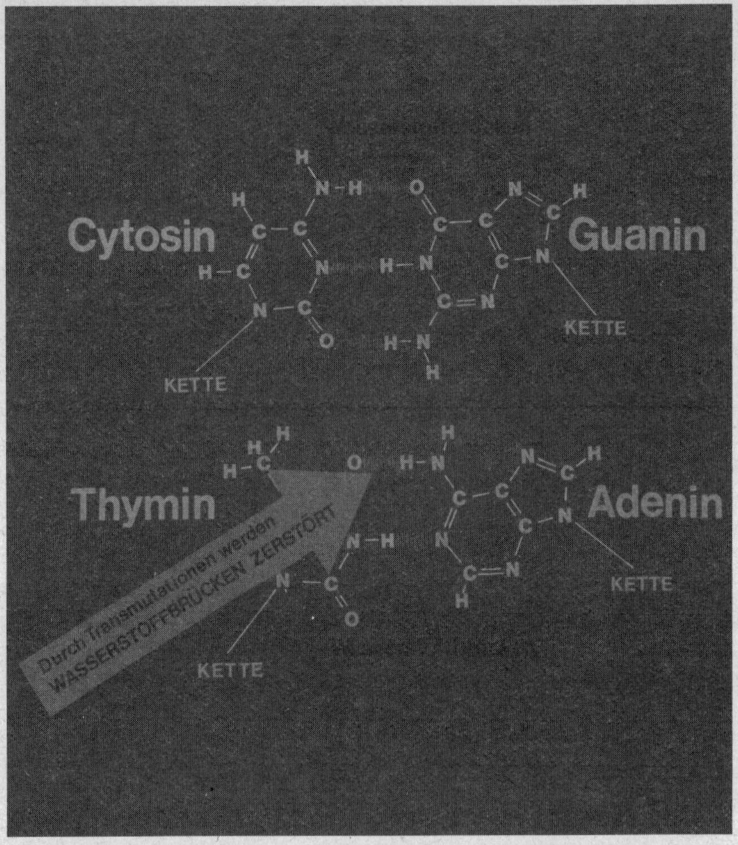
Cytosin
Guanin
Thymin
Adenin
KETTE
KETTE
KETTE
KETTE
Durch Transmutationen werden
WASSERSTOFFBRÜCKEN ZERSTÖRT

DNS-Molekül

allerdings werden Schäden erst nach vielen Jahren sichtbar. Prof. Dr. Mosinger aus Frankreich sagt: „Das Tritium ist fähig, die gesamte genetische Materie und die Zellfunktionen zu verändern. Jedes strahlende Elementarteilchen ist ein Glied in der Kette, deren Abschluß der Krebs bildet."

Das DNS-Molekül, wir sprachen bei der Gen-Technik davon, enthält sogenannte Wasserstoffbrücken: Adenin-Thymin zwei Brücken und Cytosin-Guanin drei Brücken.

Beim Ersatz des normalen stabilen Wasserstoffs-1 einer solchen Brücke durch das Isotop Tritium-3 und dessen Transmutation zu Helium-3 werden diese Wasserstoffbindungen bzw. Wasserstoffbrücken zerstört.

Bei der Transmutation verwandelt sich zum Beispiel Tritium-3 in Helium-3, Phosphor-32 in Schwefel-32 und Kohlenstoff-14 in Stickstoff-14.

Das Grundgerüst der DNS ist eine Kette, die aus Desoxyribose-Phosphatgruppen aufgebaut ist. Die Ketten können sehr lang werden. Es sind Stränge bis zu 10 Millionen Bausteinen nachgewiesen worden.

Dem Zerfall eines in den Strang der DNS eingebauten Kohlenstoff-14- bzw. Phosphor-32-Atoms folgt durch Transmutation tiefgehende Strukturveränderung wie z.B. Kettenbrüche.

Es können also nicht nur über Strahlung, sondern auch über Transmutationen krebserzeugende und erbverändernde Faktoren ausgelöst werden. Die Wirkung der Transmutation wird in den heutigen Strahlenschutzgesetzen überhaupt nicht berücksichtigt.

Prof. Linus Pauling, zweifacher Nobelpreisträger, erklärt: „Es besteht kein Zweifel daran, daß das radioaktive Material, das Atomkraftwerke ausstoßen, der menschlichen

Darf ich mich vorstellen ?

ICH BIN DER PLUTONIUM-WURM !

Ich verdanke meine Existenz den Kernkraftwerken.
Dort werden laufend PLUTONIUM-WÜRMER geboren.
Meine Exkremente sind das allergefährlichste Strahlungsgift für den Menschen.
Es behält seine Giftwirkung für 480 000 Jahre.
Ein 10 millionstel Gramm davon in den Lungen genügt, um mit Sicherheit einen Lungenkrebsfall auszulösen.
Ich kann durch Hunderte von Organismen wandern, zum Humus zurückkehren und erneut durch Pflanzen und Tiere zum Menschen gelangen - und jedesmal meine tödliche Wirkung aufs neue entfalten.
Ich fresse alles Leben, bis keine Partei, keine Religion, keine Wissenschaft mehr besteht.
Niemand wird mich mehr ausrotten, es sei denn, die Parteien werden klug, die Religionen wachen auf, und die Wissenschaft lenkt ein, um umweltfreundliche Energien zu fördern.
Solange man aber nicht einsieht, was Experten bestätigen, daß Kernenergie ganz überflüssig ist, solange werde ich als PLUTONIUM-WURM nach und nach alles Leben auf Erden vernichten.

(Quelle: Informationsblatt „Aktion pro vita" 1978)

Rasse Schaden zufügen und vermehrte Geburt von Kindern mit schweren körperlichen und geistigen Schäden verursachen wird. Ebenso bin ich überzeugt, daß schon kleine Mengen von Radioaktivität die Bildung von Krebs fördern."

Prof. Dr. Bechert sagte: „Stoffe, die Erbschäden hervorrufen können, sind bekanntlich verboten, warum verbietet man dann nicht Kernkraftwerke?"

In Atomkraftwerken entsteht auch Plutonium-239. Es ist das giftigste Element, das bisher bekannt ist.

Plutonium reagiert unmittelbar bei Berührung mit Luft oder Wasser und verbrennt dabei.

Bei der Verbrennung bildet es feine Staubpartikel, die leicht eingeatmet werden können. Sie senden Alphastrahlen sehr hoher Energie aus, die zu starken lokalen Strahlenbelastungen führen. Ein einziges Staubteilchen Plutonium mit einem Durchmesser in der Größenordnung von einem Mikron (= $^1/_{1000}$ mm) wirkt ganz einfach dadurch tödlich, daß es in die Lunge eintritt. Dieses Teilchen strahlt innerhalb eines Jahres mehr als 100 000 Rad (= Abkürzung für Radiation Absorbed Dose) in eine Zone der Lunge aus, eine winzige, kugelförmige Zone von etwa $^1/_{10}$ mm Durchmesser mit dem Teilchen als Mittelpunkt. Diese infrage kommende Zone der Lunge (der kugelförmige Raum um das Teilchen) wird jede Minute von einem Alpha-Geschoß durchbohrt (genauer: von 1,414 Geschossen, d. h. alle 1000 Minuten 1414 Geschossen), und es ist dem Körper unmöglich, ständig zerstörte Zonen zu erneuern. Es ist so, als fordere man Maurer auf, rings um ein Maschinengewehr, das ohne Vorwarnung jede Minute einen Feuerstoß in beliebiger Richtung abgibt, ein Haus zu bauen.

Dieser Vergleich soll verständlich machen, daß die biologischen Substanzen, die der Organismus auf die verletzte Stelle zu in Bewegung setzt, es niemals schaffen, die Zellen im Schußbereich der Alphastrahlen des Staubteilchens zu erneuern. Jedes Alpha-Teilchen von Plutonium-239 hat die Bewegungsenergie von etwa fünf Megaelektronenvolt (5 000 000 Elektronen-Volt).

Plutonium hat außer einer langen physikalischen Halbwertzeit, die bei 24 400 Jahren liegt, auch eine lange biologische Halbwertzeit, es wird praktisch nicht ausgeschieden. Zudem ist die Selbstreinigungskraft der tiefen Lungenpartien gering. Der inkorporierte Strahler ist daher über lange Zeiträume wirksam und hat durch die ständig wiederholte Strahlung krebserzeugende Wirkung.

Schon 1 kg Plutonium kann eine Milliarde Lungenkrebstote bedeuten, wenn nur ein Millionstel Gramm eingeatmet wird. Gegenwärtig entweichen jährlich 15 kg Plutonium-239 in die Umwelt (Gofman). Deshalb forderten A. R. Tramplin und T. B. Cochran (1974) eine Reduktion der für Plutonium-239 höchstzulässigen Konzentration um den Faktor 115 000.

488 000 Jahre bleiben Plutoniumrückstände gefährlich und müssen isoliert werden. Das ist, als wenn einem Steinzeitmenschen die Aufgabe gestellt worden wäre, das soeben erstmals entzündete Feuer bis in unsere Tage ununterbrochen zu hüten.

Plutonium-239 ist etwa 35 000mal giftiger als Natriumzyanid. Es kann durch Hunderte von Organismen wandern, zum Humus zurückkehren, durch Pflanzen zu Tieren, wieder zum Menschen zurück und jedesmal seine tödliche Wirkung aufs neue entfalten.

Jedes einzelne, von Atomkraftwerken ausgeschiedene Strahlengift verursacht im Organismus spezielle Schäden.

Durch die von Kernkraftwerken abgegebenen radioaktiven Stoffe können direkte Strahlenschäden entstehen. Indirekte strahlenbiochemische Schäden werden verursacht durch die Bildung von Radikalen und durch Transmutationen.

Erneute Berechnungen ergaben, daß längere Einwirkungen geringer Strahlenmengen, die man bisher für völlig harmlos hielt, sogar mehr Krebsfälle ergaben, als sie für höhere Strahlungsmengen vorausgesagt worden waren.

Kann die Bedrohung durch Kernkraftwerke und die damit verbundene Plutoniumwirtschaft, die radioaktive Verseuchung von Erde und Wasser, die unheimliche Bedrohung von Gesundheit, Ruhe und Sicherheit, die Bedrohung hilfloser Kinder und ungeborener Enkel von irgendeinem Politiker je verantwortet werden? Wenn im Grundgesetz das Recht auf Leben und körperliche Unversehrtheit garantiert wird, wie vereinbart sich die demokratische Grundordnung mit der Verletzung des Grundgesetzes? Die Atomenergie ist und bleibt ein grausamer Irrweg der Wissenschaft und der Technik.

12 000 Wissenschaftler in aller Welt haben schon vor Jahren vor den Gefahren der Atomindustrie mit ihrer massenhaften Erzeugung von radioaktiven Abfällen gewarnt und einen Bau- und Genehmigungsstop für Kernkraftwerke gefordert.

Nicht alles, was machbar ist, darf getan werden, sondern nur, was vor dem Gewissen und ökologischen Gesetzlichkeiten verantwortbar ist. Wer das Wohl und die Sicherheit der Allgemeinheit wahrhaft im Auge hat, wird dem Leben auf der Erde dienende Lösungen auch zum Energieproblem finden können.

Hiroshima, Harrisburg, Tschernobyl

Eigentlich waren die ersten Atombomben für Deutschland bestimmt, aber nachdem Deutschland im Mai 1945 kapituliert hatte, wurden sie in Japan eingesetzt.

Am 6. August 1945 brachte die ohne Warnung geworfene Atombombe von den 600 000 Einwohnern Hiroshimas 240 000 Menschen den Tod und löschte eine blühende Stadt aus. Etwa ein Drittel der Überlebenden trug schwere Verbrennungen davon. Viele von den Überlebenden sind später dann an den Folgen der radioaktiven Verbrennung oder Verstrahlung gestorben. 6000 Kinder haben bei der Explosion ihre Eltern verloren.

Drei Tage später fiel eine zweite Bombe auf Nagasaki. Dort fanden 74 000 Menschen den Strahlentod. Die Menschen, die nicht sofort zu Asche verkohlt waren, stürzten sich zu Tausenden mit ihren Verbrennungen in die Flüsse oder ins Meer, wo sie elend umkamen. Noch in großer Entfernung von der Explosionsstelle wurde in Sekunden den Menschen die Haut vom lebendigen Leib gekocht.

Viele Jahre haben die Amerikaner den Japanern verboten, sich ein genaues Bild ihrer Atomopfer zu verschaffen. Sie durften keine Aufzeichnungen machen. Die Amerikaner selbst gaben ihre Untersuchungsergebnisse nur zögernd preis.

Unter den Spätschäden – 75 000 Atombombenopfer sind als gesundheitlich geschädigt in Hiroshima registriert – ist in erster Linie Leukämie zu nennen. Als weitere Spätschäden treten noch Tumore, Lungenkrebs, Schädigung der Augen, der Leber, der Milz und Schädigung der Keimdrüsen auf.

Immer noch werden, wenn auch nicht über bewohnten Städten, Atombombenversuche wiederholt. Dadurch wird die Strontium-90-Gefahr mutwillig heraufbeschworen. Zwischen 1951 und 1979 machten die Amerikaner mehr als 80 oberirdische Atombombenversuche, was zu einem radioaktiven Fall-out geführt hat. Später wurden die Versuche unter die Erde verbannt.

Eine Folge der Produktion der Atombomben war die Entwicklung der sogenannten „friedlichen" Nutzung der Atomenergie. Der Betrieb kerntechnischer Anlagen gibt auch erbschädigende und krebserregende Schadstoffe an Luft und Wasser ab und verursacht eine radioaktive Verseuchung der Biosphäre, wie es im vorigen Kapitel gezeigt wurde.

Bei einem Reaktorunglück – keine technische Einrichtung wird ununterbrochen tadellos funktionieren – können sich Schwaden radioaktiver Giftstoffe über Hunderte von Kilometern verbreiten und zu nationalen Katastrophen werden. Die Betreiber der Atomtechnik stützen sich auf eine Berechnung von Professor Rasmussens, nach dem das sogenannte Restrisiko, durch ein Kernkraftwerk zu Schaden zu kommen, ebenso groß sei wie die Wahrscheinlichkeit, von einem Meteor getroffen zu werden.

Was nach angeblich exakten Berechnungen der Wissenschaft erst in Hunderttausenden von Jahren hätte passieren dürfen, geschah am 28. März 1979, drei Monate nach Inbetriebnahme des Atomkraftwerkes.

Die Brennelemente des neuen Atomkraftwerkes bei Harrisburg (USA) schmolzen, weil die Kühlsysteme versagten.

Die Strahlungsintensität innerhalb der Betonkuppel betrug 30 000 rem pro Stunde, das 60- bis 70fache der für die Menschen tödlichen Dosis. Nicht einmal die 1,25 Meter dicken Betonwände vermochten die Strahlung einzuschließen. Aus dem Reaktor entwich radioaktiver Dampf. Mehr als 1,5 Millionen Liter radioaktiv verseuchtes Wasser wurden in den Fluß geleitet.

Zehntausende von Menschen waren nach dem Unfall des Reaktors von Harrisburg radioaktiver Strahlung ausgesetzt. Hunderttausende flohen oder wurden evakuiert. Noch 300 km von Harrisburg entfernt wurde radioaktive Strahlung gemessen.

Die Wissenschaftler, die den Unfallort aus der Nähe besichtigen konnten, verhehlten nicht ihre Bestürzung. Dr. Frank Munno, Atomforscher der Universität Maryland: „Eine einzigartige Erfahrung in der Geschichte der Menschheit."

Als sich einige Tage später noch eine Wasserstoffblase gebildet hatte, gingen Experten davon aus, daß entweder das Reaktorgebäude explodieren, der Reaktor durchbrennen, oder aber daß beides passieren könnte.

Wenn der geschmolzene, mehr als 3000 Grad Celsius heiße Reaktorkern sich durch das Fundament seines geborstenen Stahlbehälters gefressen hätte und, rund 100 Tonnen schwer, langsam in die Tiefe gesunken wäre, wäre bei seiner Berührung mit dem Grundwasser über Three Mile Island eine giftige Dampfsäule aufgestiegen, die der Wind allmählich am Himmel von Pennsylvania verteilt hätte.

Harrisburg, soviel scheint sicher, hätte den „Super-Gau" äußerlich vollkommen unversehrt überstanden, wäre aber fortan zu einer Geisterstadt geworden, strahlenverseucht und auf lange Zeit unbewohnbar. Und wer immer sich während des Reaktor-Holocausts im Umkreis des Katastrophenortes aufgehalten hätte, müßte nun für Leib und Leben ebenso schlimme Folgen befürchten wie die Atombombenopfer von Hiroshima und Nagasaki. Vielleicht noch schlimmere, jedenfalls was die Schäden durch radioaktive Strahlen betrifft. Mit den Dämpfen und Gasschwaden nämlich, die aus dem Lavaschlund eines hinabgeschmolzenen Reaktorkerns hochsteigen, gelangen vermutlich weit größere Mengen radioaktiver Partikel ins Freie als bei der Explosion eines Nuklearsprengkörpers vom Typ der Hiroshimabombe.

Ein 1300-Megawatt-Atomkraftwerk, so haben Wissenschaftler ermittelt, birgt nach drei Jahren Betriebszeit so viel Radioaktivität wie rund 4000 Hiroshima-Bomben; der havarierte Reaktor von Harrisburg enthält laut Schätzungen ein Strahlungspotential, das 1700 Hiroshima-Bomben entspricht (SPIEGEL Nr. 15/1979).

Was haben die Politiker und Atomtechniker aus Harrisburg gelernt? Man überspielte die Gefahr und machte weiter. Ja, man bekämpfte mit Polizeiaufgebot diejenigen, die um ihres Gewissens willen und aus Sorge um das Leben gegen die Kernenergie demonstrierten.

Schon sieben Jahre später, am 26. April 1986, ereignete sich dann in Rußland in der Ukraine ein Super-Gau (Gau = größter anzunehmender Unfall), die sogenannte Kernschmelze. Bis zu 180 Tonnen weißglühendes Uran, vermengt mit geschmolzenem Uranstahl der Brennstoffhülsen, fraßen sich durch die Betonhülle des Reaktorblocks. Das radioaktive Inventar des Reaktorkerns entsprach 1500 Hiroshima-Bomben. Aber der große Knall blieb aus, kein Atompilz stieg in den Himmel und keine Hitzewelle raste über das Land. 10 Kilometer rings um das Kernkraftwerk wurde der Boden extrem radioaktiv verseucht und für Generationen unbesiedelbar. Nicht nur das Grundwasser,

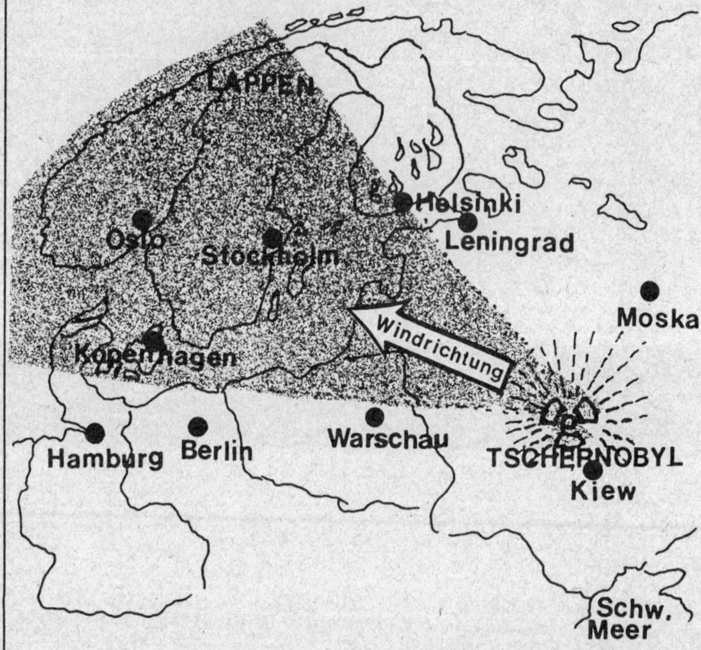

Die radioaktive Atomwolke von Tschernobyl
und der verseuchte Norden.

(Quelle: Kleines Umwelt Lexikon 1989 – G. A. Ulmer Verlag)

auch offene Gewässer wurden in Mitleidenschaft gezogen wie z. B. das Schwarze Meer. In dem von Menschen geräumten Gebiet lag die speziell für den Kraftwerkbetrieb gebaute Arbeitersiedlung „Pripjat" mit 50 000 Einwohnern. 135 000 Menschen aus knapp 200 Dörfern und Städten wurden evakuiert.

Radioaktive Luftmassen und Wolken schoben sich über ganz Europa. Noch in 2500 Kilometern Entfernung wurde erhöhte Radioaktivität gemessen. 14 verschiedene Radioisotope wurden in Skandinavien nachgewiesen. Bei den Lappen im hohen Norden mußten fünf Monate nach der Katastrophe 40 000 Rentiere notgeschlachtet werden, da die Tiere 6500 Bequerel aufwiesen (330 Bequerel waren als Grenzwert festgelegt). Ihr Fleisch durfte nicht gegessen werden, obwohl die Lappen nur von Rentieren und Fischen leben. Tausende von Lappen sind strahlenverseucht. Zu dieser Zeit waren die Lappen im Freien bei den Herden, da die Muttertiere Ende April bis Anfang Mai kalben. In manchen Regionen Europas wurde eine über 500fach erhöhte Strahlendosis gemessen. Niemand glaubte, daß ein Reaktorunfall in so großer Entfernung die Radioaktivität so stark ansteigen ließe, daher gab es in manchen Ländern einen Atom-Schock. Tschernobyl hat gezeigt, daß auch die friedliche Nutzung der Kernenergie nie zu verantworten ist.

Die Frankfurter Rundschau erwähnte am 14.8.89: „Die radioaktive Verseuchung um das Atomkraftwerk herum ist immer noch so hoch, daß die Leitung des Reaktors in Tschernobyl zugeben mußte, daß während des nächsten Jahrtausends ein Leben in Tschernobyl, Pripjat und vielen anderen Dörfern ausgeschlossen ist."

Drei Jahre nach der Katastrophe sei die Anzahl der Mißbildungen bei Tieren um 20 Prozent gestiegen. Ärzte brachten Erkrankungen der Bevölkerung der Region in Zusammenhang mit Radioaktivität: „Tatsächlich ist die Ukraine zu einem Gebiet für unfreiwillige Experimente mit lebenden Organismen geworden".

Die UKA-Kritik der Gesellschaft für Lebens- und Umweltschutz in Göttingen berichtet im August 1989: „Der renommierte Leukämie-Spezialist und Strahlungsexperte Prof. Robert Gale vom Medical Center der Universität von Kalifornien in Los Angeles, der in der Sowjetunion bei Tschernobyl-Opfern Knochenmark-Transplantationen vornahm, hat die weltweit akzeptierten Höchstwerte für radioaktive Strahlung als „viel zu hoch" bezeichnet. Sie beruhten auf längst überholten Schätzungen nach den Atombombenabwürfen über Hiroshima und Nagasaki vor mehr als 40 Jahren."

Laut Prof. Gale hat das Livermore National Laboratory in Kalifornien errechnet, daß die Katastrophe von Tschernobyl auf lange Sicht ein Drittel mehr Strahlung in die Atmosphäre abgeben wird als alle bisher gezündeten Atombomben zusammen (!).

Von den Folgen der radioaktiven Belastung durch die Tschernobyl-Katastrophe ist – so Gale – die gesamte nördliche Hemisphäre betroffen: „Jedermann, der auf der nördlichen Erdhalbkugel lebt, das heißt zwei Milliarden Menschen, sind in Gefahr. Das Risiko, an den Folgen der Verstrahlung zu erkranken, sei für die weitaus meisten Menschen zwar sehr gering, aber existent (SZ, 27.7.89). Andere mögliche Folgen sind angeborene Fehlbildungen und genetische Fehlentwicklung.

Die australische Ärztin Helen Caldicott schreibt: „Wir haben das Leben auf der Erde in unserer Hand. Wir stehen heute an einem Scheideweg. Wir müssen aufstehen und uns wehren für unsere Kinder und die Zukunft der ganzen

Menschheit. Ich denke besonders an jene Politiker, die wahrscheinlich nie miterlebt haben, wie ein Mensch stirbt. Sie haben noch nie Kinder gesehen, die mit zwölf Jahren in die Klinik kommen, etwas blaß aussehen, und in deren Blutbild sich heraustellt, daß sie Leukämie haben. Sie kommen in ein isoliertes Zimmer, sind ganz allein. Ihre Eltern haben plötzlich einen Kittel an und tragen eine Maske. Niemand sagt ihnen, was los ist. Sie bekommen ein paar seltsame Medikamente, die ein komisches Gefühl verursachen. Zwei Wochen lang leben sie in einem Zustand fürchterlicher Angst und Unsicherheit. Dann sterben sie plötzlich an einer Blutung aus der Nase oder dem Mund. Die Politiker haben niemals den Schmerz der Eltern miterlebt, deren geliebte Kinder so sterben. Wenn sie je so etwas erlebt hätten, würden sie nicht so handeln, es sei denn, sie wären verrückt."

Die Kirchen in der Verantwortung

Nach den Ausführungen des vorigen Kapitels dürfte jedem, der noch einen Funken christlichen Gewissens in sich trägt, klar werden, daß wir uns durch unseren maßlosen Materialismus und Egoismus in einem latenten Kriegszustand befinden, den Technik und Wissenschaft, sowohl im Osten als auch im Westen, gegen das Leben führen. Unüberschaubare Risiken und eine ständige Bedrohung von Milliarden von Menschen, die dahinsiechen müssen, und unzählige Kinder, die als Todeskandidaten geboren werden, sind die Folgen.

Vor 13 Jahren hat ein mutiger christlicher Mitweltschützer, Herr Enoch Freiherr zu Guttenberg, einen Aufruf an seine Kirche und damit an alle Geistlichen und Christen erlassen. Ich habe ihn damals in meinem Informationsblatt der „Aktion pro vita" veröffentlicht. Da er in den Jahren nichts an Gültigkeit verloren und jetzt durch den Hintergrund der Ereignisse von Harrisburg und Tschernobyl noch an Aktualität gewonnen hat, möchte ich ihn hier als Beitrag zum Thema in seinem Wortlaut übernehmen:

„Wie man vielleicht weiß, ist meine Familie und bin auch ich engstens im katholischen Glauben verwurzelt. Aber gerade deswegen – und nicht ohne Trauer und Bitterkeit – muß ich aus zwingender christlicher Verantwortung die katholische Kirche beschwören, endlich die brennende Aufgabe des ausgehenden zwanzigsten Jahrhunderts – also die Umwelt- und Naturschutzbewegung – zu erkennen, damit sie mit der ganzen Gewalt ihrer kirchlichen Au-

Kernkraftwerk Grafenrheinfeld

torität unseren Kampf aufnimmt und mitstreitet für diese Schöpfung, für deren Menschen und gegen einen Zeitgeist, der sich in der Tat mit teuflischen Dingen beschäftigt. Wer schweigt, macht sich der Hehlerei schuldig, Mittun gar grenzt an Verbrechen.

Der Heilige Stuhl hat noch im September letzten Jahres unter dem Titel „procedamus in pace et justitia“ alle Menschen guten Willens aufgerufen, die gemeinsamen Anstrengungen in den Nutzungen der Atomenergie zu vereinigen für eine bessere Welt. Inwieweit eine bessere Welt mit Atomkraft zusammenhängen soll, kann und mag ich nicht begreifen. Jedesmal wenn ich diese Aufforderung des Papstes lese, kommt mir das Christuswort in den Sinn: ‚Meinen Frieden gebe ich euch, nicht wie die Welt ihn gibt.‘ Was soll dann die bessere Welt? Oder meint der Heilige Stuhl mit der besseren etwa die bequemere Welt? Was die Menschen guten Willens anbelangt, so halte ich diese Aufforderung im Zusammenhang mit Atomkraft für hellen Wahnsinn. Ich frage mich, wer sind hier eigentlich die Romantiker, wer die Träumer, und wer ist überhaupt in den Augen des Papstes guten Willens?

Man möge mir diese Frage verzeihen. Sie drängt sich auf, da wir heute schon die unseligen Früchte dieser Tendenz im Vatikan einbringen müssen. Bischof Heinrich Tenhumberg zum Beispiel verkaufte Grundstücke für das in Kalkar geplante Kernkraftwerk und begründete diesen Schritt: ‚Mit technisch gewonnener Energie sind immer gewisse Risiken für das menschliche Leben verbunden‘. Auch hält es der Bischof, ich zitiere wörtlich, ‚für unangebracht, daß die Kirche offiziell gegen Atomkraftwerke überhaupt protestiert‘.

Der wider den bischöflichen Stachel leckende Kirchenvorstand der betroffenen Gemeinde – der sich aus Gewis-

sensgrund gegen den Verkauf der Grundstücke entschieden hatte – wurde durch bischöflichen Erlaß zum Rücktritt gezwungen. Der Streit ging bis nach Rom, und bevor Vermittler und Betroffene sich ins Benehmen setzen konnten, waren mit Zustimmung des neuen Kirchenvorstandes die Grundstücke längst ihrem unglücklichen Zweck übergeben.

Ich wünschte, Bischof Tenhumberg würde einmal eine Strahlenschutzverordnung oder die offiziell geplanten Katatrophenschutzmaßnahmen lesen, in denen es heißt, daß im ‚Katastrophenfall die Bevölkerung der innersten 5-km-Zone nicht fliehen darf, um nicht auf weitere Kontaktpersonen Radioaktivität zu übertragen.' Der Bischof müßte spätestens beim Lesen dieser gespenstischen Schrift wissen, mit was amtlich gerechnet wird.

Ein berühmter amerikanischer Atomphysiker spricht vom faustischen Pakt zwischen Wirtschaft und der Atomenergie, die Kirche von unumgänglichen Notwendigkeiten – und die betroffene Bevölkerung fühlt sich mit Recht von ihren kirchlichen Hirten verraten und verkauft.

Wie soll da das gläubige Volk seinen Weg durch diese schizophrene Kirchenwelt finden, wo zum einen kompromißlos – und wie ich meine zu Recht – der Schutz des ungeborenen Lebens gefordert, zum anderen aber leichtfertig das geborene Leben aufs Spiel gesetzt und ohne theologischvertretbar zwingenden Grund in den seelen- und leiberfressenden Moloch totaler Technokratie geworfen wird?

Das Drehbuch für nukleare Katastrophen ist vom Evangelisten Johannes auf Patmos längst geschrieben, nur die Inszenierung steht noch aus, und es scheint, als rauften sich Wirtschaft, Kirche und Politik um das Primat, Regie führen zu dürfen.

In der Heiligen Schrift steht: ‚Vor Gott sind tausend Jahre wie ein Tag.‘ Was fühlt wohl ein Minister Matthöfer, der sich mit jeder Entscheidung für ein Kernkraftwerk zum Herrn über 250 000 Jahre macht (der für die Plutoniums-Entsorgung notwendigen Zeit!)? Ist dies nicht das klassische Beispiel für das alte Bild vom Turmbau zu Babel, gehört dies nicht zu der ältesten Sünde der Menschen, Gott ähnlich sein zu wollen, und ist es nicht höchste Zeit für den Erzengelruf: ‚Michael – wer ist wie Gott‘? Noch aber sonnt sich der aufgeklärte spätzivilisatorisch verseuchte Mensch im Hochgefühl, die gesamte Welt aus den Angeln heben zu können.

Der Präsident der katholischen Akademie in Bayern sagte vor Zeitungsleuten in München, die katholische Kirche habe sich nicht mit dem Umweltschutz – ‚mit diesen weltlichen Dingen‘ – zu beschäftigen.

Mit was denn hat sich die Verwaltung der kirchlichen Heilslehre auf unserer Erde zu beschäftigen als mit den Dingen, die diese Schöpfung Gottes bedrohen, die das Leben zerstören, das heiligste Geheimnis unseres Gottes? Oder gilt der Heilsauftrag nicht dem letzten, schwächsten Schäflein der Herde? Bange Fragen vieler Christen, die zu oft, zu offensichtlich ihre Kirche plötzlich als Handlangerin des Unglücks, des Bösen auf der Welt wiederfinden!

Diese Kirche lebt immer noch in der Angst, als unmodern zu gelten, und paktiert mit den Mächtigen dieser Welt, statt sich um jene zu sorgen, die im Kampf um die Menschen, um die nächsten Generationen und um die Schöpfung mit Füßen getreten werden. Was bleibt übrig, als immer wieder den Kirchenvertretern zuzurufen: Wacht endlich auf und bedenkt das Christuswort: ‚Ärgernisse müssen kommen, aber wehe durch wen sie geschehen‘!“

Ein junger Priester, so berichtet Heinrich Spaemann in seinem Vorwort zu dem Buch: „Erleben wir das Jahr 2000“, schrieb folgendes an seine Freunde:

„Die heutigen Menschen als Glieder von Gesellschaft und Kirche kommen mir vor wie Fahrgäste eines Zuges, der ständig geschlossene Signale überfährt und mit Volltempo den Puffern eines Abstellgleises entgegenrast. Wirtschaftlich muß die Gesellschaftsfahrt bald zu Ende sein; denn Treib- und Rohstoffe gehen langsam aus, falls die Passagiere sich nicht vorher schon vergiften. – Menschlich gesehen steuern wir in eine Sackgasse. Denn wir werden, ohne es zu merken, phantasiearme, roboterähnliche Opfer des Fortschritts. Und selbst die Kirche sitzt in diesem gefährlichen Zug. Sie müßte die Irrfahrt erkennen. Was tut sie? Sie renoviert am Wageninneren und vergißt dabei, die Bremse zu ziehen. Und genau darum geht's: die Situation des Menschen im Licht der Wahrheit und der Zukunft, die Gott ihr gibt zu erkennen, die Irrfahrt zu bremsen und die Weichen neu zu stellen.“

Die Aussage des Präsidenten der Katholischen Akademie in Bayern, daß die katholische Kirche sich nicht mit Umweltschutz zu beschäftigen habe, klingt befremdend, da doch gerade die katholische Kirche Franz von Assisi als Heiligen verehrt. Franz von Assisi war von einer glühenden Liebe zur Natur und zu allen Geschöpfen erfüllt und hatte in seiner Selbstlosigkeit persönlich eine ganz enge Beziehung zu der Schöpfung. Sein Orden, die Franziskaner, war weit verbreitet, und als er starb, hinterließ er als Erbe immerhin 8000 Klöster und 200 000 Mönche, die in seinen Spuren wandelten.

Seine christlich-ökologische Gesinnung kommt am tiefsten und schönsten in seinem allgemein bekannten „Sonnenlied" zum Ausdruck, von dem ich hier einige Verse wiedergeben möchte:

Höchster, allmächtiger, guter Herr!
Dein ist das Lob und die Herrlichkeit und die Ehre und aller Preis!
Dir allein kommen sie zu!
Gepriesen seist du, Gott, mein Herr, mit allen deinen Geschöpfen, vor allem der Herrin, der Schwester Sonne!
Sie führt den Tag herbei und leuchtet uns durch ihr Licht.
Schön ist sie und strahlt in hohem Glanze.
Von dir, o Herr, trägt sie ihr Bild. –
Gepriesen sei mein Herr durch den Bruder Mond und durch die Sterne!
Am Himmel hast du sie gebildet klar und schön. –
Gepriesen sei mein Herr durch den Bruder Wind und durch die Luft, die Wolken, jede heitere und trübe Witterung!
Durch sie gibst du Unterhalt deinen Geschöpfen. –
Gepriesen sei mein Herr durch den Bruder, das Wasser!
Nützlich ist es und demütig und köstlich und keusch. –
Gepriesen sei mein Herr durch den Bruder, das Feuer, durch das du das Dunkel der Nacht erhellst!
Es ist schön, es erfreut, gewaltig ist es und stark. –
Gepriesen sei mein Herr durch unsre Mutter, die Erde!
Sie trägt und leitet uns, und allerlei Früchte bringt sie hervor, buntfarbige Blumen und Kräuter. –
Gepriesen sei mein Herr durch die, die anderen vergeben um deiner Liebe willen und Schwachheit dulden und Trübsal!
Selig alle, die im Frieden beharren! Von dir, o Höchster, werden sie die Krone empfangen.

(Francisus, de lo fratre sole; v. d. Burg III. 150.)

Lilien auf dem Felde im Remstal

Wider den Heilsegoismus

Wenn wir die gesamte Umweltbelastung vor Augen haben, dann können wir nicht umhin, einzusehen, daß die ökologische Krise auf einen Höhepunkt zustrebt, ohne daß die christlichen Kirchen einen Beitrag zu ihrer Lösung und Überwindung leisten. Die gesamte Schöpfung der Erde steht in der Gefahr, zugrunde zu gehen. Wir alle sind aber ein Teil dieser Schöpfung und können nicht ohne sie existieren.

Die Grundlehren der Kirchen ziehen dies keineswegs in Betracht. Bei ihnen zählt allein der Mensch, seine persönliche Rettung, die Rettung seiner Seele. Dies ist aber der Ausdruck eines wahren Heilsegoismus. Der Mensch wird losgelöst aus seiner kosmischen Einbindung und verliert den Bezug zur Schöpfung. Er entwickelt dadurch auch kein Mitgefühl mit der leidenden Kreatur.

Die Kirchen behaupten, das Reich Gottes zu sein, aber das Reich Gottes ist das Werk Gottes. Dieses schließt die gesamte Schöpfung ein.

Wenn der Erlöser geistige Belange beleuchten wollte, hat er selbst die Natur zum Zeugen genommen: Sehet die Lilien auf dem Felde, die Vögel unter dem Himmel . . . dabei erwähnt er zugleich die Verbindung der Schöpfung zum Schöpfer durch Vertrauen und durch Zuversicht. Wahrer Glaube ist ein echter Schöpfungsglaube.

Die Kirchen schweigen zu den heutigen wirtschaftsegoistischen Interessen: daß Millionen Singvögel in christlichen Ländern abgeschossen werden, daß unzählige Tiere grausam gequält, Land, Feld und Meer vergiftet und verseucht werden und Menschen elend durch Umweltgifte zugrunde gehen.

Wie Freiherr von Guttenberg es sehr richtig zum Ausdruck brachte. Man will zwar konsequent das ungeborene Leben schützen, aber man sorgt nicht dafür, daß dieses gesund geboren werden kann. Man ist nicht der Anwalt der Bedrückten, sondern man opfert die Glieder der eigenen Kirche auf dem Altar der großen Wirtschaftsinteressen und des Geldes. Die Kirchen – außer einigen mutigen Theologen und Christen – haben keinen Einspruch erhoben gegen die planmäßige Zerstörung unserer Um- und Mitwelt. Sie haben zugesehen, wie jahrzehntelang unsere Mitwelt vergiftet wurde durch Chemie und radioaktive Strahlung, ohne daß sie den Bedrückten und Leidtragenden zu Hilfe kamen oder sie im Kampf gegen die Bedrohung unterstützten. Sie sammeln zwar Brot für die Welt, aber sie sehen tatenlos zu, wie die Nahrung unseres Erdballs zunehmend vergiftet wird.

Durch den immer stärker werdenden Egoismus wird die Menschheit auf allen Gebieten an den Rand des Ruins geführt. Allein durch einen mitweltbezogenen Altruismus kann ihre Befreiung möglich werden. Wenn Christus uns geholfen hat, sollen auch wir anderen helfen, wenn er uns mit Güte begegnet, so sollen wir auch den anderen mit Güte begegnen; wenn er uns vergeben hat, so sollen auch wir vergeben. Nur im Kreislauf der dienenden Liebe liegt der Keim der Wiederherstellung.

Es braucht jetzt für alle Christen ein neues Denken, ein altruistisches Denken und eine neue Beziehung zu den Mitmenschen, zu Bruder Tier und Schwester Pflanze.

Wenn das Denken im Egoismus zur Zerstörung unserer Lebensgrundlagen geführt hat, so kann durch ein alturistisches Denken die Wende kommen. Wenn die Mitwelt leidet, sollen wir das Leiden nicht noch vermehren, sondern der Welt offenbaren, daß es eine Hoffnung gibt.

Als der Erlöser zu Beginn seines Wirkens nach Nazareth in die Synagoge kam, las er aus der Bibel vom Propheten Jesaja. Darin wurde seine Mission klar umrissen: den Armen zu helfen, die Gefangenen zu befreien, die Gebundenen zu erlösen und zu verkünden das „angenehme Jahr" des Herrn.

Gerd von Wahlert hat es in seinem Buch: „Verantwortung für die Schöpfung" so beschrieben: *„Das ‚angenehme Jahr' steht im Zusammenhang mit den Bestimmungen für den Sabbat, das Sabbatjahr und das Jubeljahr, eben das ‚angenehme Jahr des Herrn'. Die Sabbatordnung gilt nicht allein den Menschen, sondern auch den Tieren: Du sollst ruhen, und dein Sohn und deine Tochter, dein Knecht und deine Magd, dein Vieh und der Fremdling, der in deinen Toren ist.*

Das Sabbatjahr ist jedes siebte Jahr zu halten. Da darf der Boden nicht bestellt werden. Was er dennoch trägt, darf geerntet werden. Das ist ganz eindeutig eine Brache-Bestimmung, die dem Boden einmal in sieben Jahren Ruhe gönnt. Der Nutzung werden also eindeutige ökologische und soziale Verpflichtungen vorgeordnet, und zwar mit der Begründung, daß Gott der Herr ist. Es geht nicht nur um das Wohl von Boden, Pflanzen, Tieren und Menschen, sondern es ist ein Gebot Gottes, das es zu beachten gilt, weil alles ihm gehört, uns also nur treuhänderisch anvertraut ist.

Das wird noch deutlicher bei der Bestimmung, nach der jedes siebte Sabbatjahr (oder das folgende) ein ‚Jubeljahr', ein ‚Erlaßjahr' oder ein ‚angenehmes Jahr des Herrn' ist. In ihm enden alle persönlichen Dienstbarkeiten. Kein

Mensch darf einem anderen gehören. Wer sich zum Dienst verpflichtet hat, kehrt mit dem Erlaßjahr in den Rechtsverband seiner eigenen Sippe zurück.

Gleichzeitig enden auch alle Übertragungen von Bodenrechten: Ihr sollt das Land nicht verkaufen für immer, denn das Land ist mein (3. Mose 25,23).“

Wir haben also kein Recht, das Land, das Gott gehört, auszubeuten und zu vergiften. Es ist nur ein anvertrautes Gut, das wir benützen dürfen als Treuhänder, aber nicht als Verderber. Gerade unsere egoistische Gesinnung, die nur profitieren will, ist genau dem göttlichen Gedanken entgegen. Er segnet uns nur deshalb, damit auch wir segnen, damit wir nicht alles für uns behalten, sondern es wieder in den Kreislauf bringen.

Schon im Alten Bund war der Auftrag Gottes an Abraham: „Ich will dich segnen, aber auch du sollst ein Segen sein.“ Und Christus hat es noch präzisiert: „Umsonst habt ihr es empfangen, umsonst gebt es auch weiter.“

Christi Erlösung gilt der gesamten Kreatur und nicht nur allein uns Menschen. Deshalb steht vor jedem Christen die Aufgabe, vom Heilsegoismus, der die ökologische Krise mitverschuldet hat, zu einem wahren Heilsaltruismus zu kommen, der das angenehme Jahr des Herrn der ganzen Schöpfung bereitet.

Trotz der bedrückenden Tatsachen, die unsere Ängste und Verzweiflung schüren können, dürfen wir Hoffnung in die Menschheit tragen, daß es die Aufgabe von Christus und damit auch der Christen ist, die Gefangenen zu befreien, die Gebundenen zu erlösen und zuzubereiten das angenehme Jahr des Herrn. Dies bedeutet dann, daß die Unterdrückung und Verurteilung aufhören und die ganze Schöpfung wieder volles Lebensrecht genießen soll.

Mensch und Meer (Nordsee)

Mensch und Natur – Gott sprach mit Hiob

Sicher beschäftigt viele Menschen ihr ganzes Leben die Frage nach der Existenz Gottes. Hierüber haben sie sehr viele Vorstellungen, Auslegungen und Hypothesen. Der Apostel Paulus gibt für alle im Römerbrief einen deutlichen Hinweis: Gottes unsichtbares Wesen, seine ewige Macht und göttliche Größe lassen sich seit der Erschaffung der Welt an seinen Werken deutlich wahrnehmen.

Deshalb ist am Anfang des Buches der Gedanke von der Sakramentalisierung der Schöpfung. Nur so gewinnen wir genügend Wertschätzung für den Schöpfer und Ehrfurcht vor der Natur, um sie auch als Treuhänder gewissenhaft zu verwalten.

Dabei gilt es, nicht zu vergessen, daß die Erde innerhalb unseres Sonnensystems nur ein ganz winziger Bruchteil der gesamten Schöpfung ist. Allein unsere Milchstraße hat etwa 200 Millionen Sterne. Das Teleskop von Mt. Wilson hat 100 Millionen Milchstraßen registriert. Wenn wir eine Karte unserer Milchstraße anlegen wollten, so groß wie Europa, dann würde unsere Sonne nicht größer als ein verlorenes Sandkorn irgendwo im Kontinent sein. Unser Fassungsvermögen ist zu klein, um die Schöpfung im Ganzen zu erfassen.

Das Buch Hiob, das eines der bedeutendsten Werke der Weltliteratur ist, berichtet von Hiob, der in seinem persönlichen Unglück und in seinen Leiden mit Gott hadert und ihn zur Antwort herausfordert. Hiob glaubt, in Ordnung zu sein und Gott weigere ihm sein Recht.

Nachdem die Freunde Hiobs, die ihn in seiner Trübsal besuchten, ihre eigenen Gedanken zu seinen Problemen vorbringen, spricht danach Gott Hiob an. Er antwortet ihm, indem er Hiob verschiedene Fragen stellt: „Wo warst du, als Ich den Grund der Erde legte? Weißt du, wer ihr das Maß gesetzt hat? Wer hat das Meer mit den Türen verschlossen? Hast du dem Morgen geboten und der Morgenröte ihren Ort gezeigt? Bist du zu den Meeresquellen gekommen, und haben sich dir die Tore des Todes je aufgetan?

Welches ist der Weg zu den Wohnungen des Lebens, und welches ist der Ort der Finsternis? Wer hat die Tautropfen erzeugt? Aus wes Leib ist das Eis gegangen, und wer hat den Reif unter dem Himmel gezeugt?

Weißt du des Himmels Ordnungen, oder bestimmst du seine Herrschaft über die Erde? Kannst du knüpfen die Bande mit dem Siebengestirn und lösen die Ketten des Orion? Kannst du den Morgenstern hervorbringen zu seiner Zeit? Wer gibt die Weisheit in das Verborgene, wer gibt verständige Gedanken?

Kannst du die jungen Löwen sättigen, und wer bereitet den Raben Speise, wenn die Jungen zu Gott rufen? Kannst du dem Roß Kräfte geben oder seinen Hals zieren mit seiner Mähne? Fliegt der Habicht durch deinen Verstand und der Adler auf deinen Befehl so hoch, daß er sein Nest in der Höhe baut und in Felsen wohnt?"

Durch die Erläuterung des vielfältigen Reichtums der Schöpfung – die Erschaffung der Erde, das Meer, das Licht, die Wettererscheinungen, die Himmelswelt, die Tierschöpfung usw. – fühlt sich Hiob als Mensch und als Krone der Schöpfung aus dem Mittelpunkt gerückt. Er erkennt seine Lage und bekennt: „Ich bin zu leichtfertig gewesen,

Die Ehre Gottes aus der Natur

Die Himmel rühmen des Ewigen Ehre,
Ihr Schall pflanzt seinen Namen fort.
Ihn rühmt der Erdkreis, ihn preisen die Meere;
Vernimm, o Mensch ihr göttlich Wort!

Wer trägt der Himmel unzählbare Sterne?
Wer führt die Sonn aus ihrem Zelt?
Sie kommt und leuchtet und lacht uns von ferne
Und läuft den Weg gleich als ein Held.

Vernimm's und siehe die Wunder der Werke,
Die die Natur dir aufgestellt!
Verkündigt Weisheit und Ordnung und Stärke
Dir nicht den Herrn, den Herrn der Welt?

Kannst du der Wesen unzählbare Heere,
Den kleinsten Staub fühllos beschaun?
Durch wen ist alles? O gib ihm die Ehre!
Mir, ruft der Herr, sollst du vertraun.

Mein ist die Kraft, mein ist Himmel und Erde;
An meinen Werken kennst du mich.
Ich bin, und werde sein, der ich sein werde:
Dein Gott und Vater ewiglich.

Ich bin dein Schöpfer, bin Weisheit und Güte,
Ein Gott der Ordnung, und dein Heil;
Ich bins! Mich liebe von ganzem Gemüte,
Und nimm an meiner Gnade teil.

Christian Fürchtegott Gellert

was soll ich antworten? Ich will meine Hand auf meinen Mund legen und schweigen. Ich habe von Dir reden gehört, jetzt hat mein Auge Dich gesehen. Darum fühle ich mich schuldig und bereue."

So kann Gott durch die Veranschaulichung der Wunder seiner Schöpfung und durch seine richtende und aufrichtende Gnade das Herz Hiobs erfassen. Hiob wird überwältigt von der Allmacht und unerreichten Majestät des Schöpfers selbst. Er versteht, daß derjenige, der nur an sich denkt, irregeleitet wird. In der großen Schau der Vielgestalt der Schöpfung können seine Augen das Wesen Gottes schauen.

Wenn Gott noch zu Hiob in der Sprache der Schöpfung reden und sein Herz rühren konnte, so empfinden die Menschen und auch viele Christen diese Sprache heute nicht mehr. Obwohl sich Tag für Tag die Wunder der Schöpfung wiederholen.

Natürlich soll man die göttliche Schöpfung nicht allein unter dem Gesichtspunkt der Nützlichkeitserwägung sehen. Der nur auf ökonomischen Gewinn ausgerichtete Egoismus macht blind für die großen Zusammenhänge der Schöpfung.

Der Erlöser erwähnt, daß viele Menschen wohl Augen haben, aber doch nicht sehen, wohl Ohren haben, aber doch nicht hören. Ihr Herz sei hart geworden und ohne Mitgefühl. Was nützt uns das ungeheure Wissen, wenn die wahre Weisheit fehlt?

Gerade Hiob kommt zu der wichtigen Erkenntnis, daß der Beginn wahrer Weisheit die Ehrfurcht vor Gott und vor der Schöpfung ist.

Wie in den Tagen Noahs

Als die Pharisäer den Erlöser nach besonderen Kennzeichen vom Ende des Zeitalters fragen, gibt er ihnen zu verstehen, daß dann das Evangelium auf der ganzen Welt verkündet sein wird und daß diese Zeit mit den Tagen Noahs oder mit der des Untergangs von Sodom und Gomorrha zu vergleichen wäre.

So gibt Christus genaue Anhaltspunkte, die für uns sehr aufschlußreich sein können. Deshalb ist es angebracht, uns gewisse Einzelheiten von den „Tagen Noahs“ ins Gedächtnis zu rufen und auch gleichzeitig zu erkennen, welche Konsequenzen dies für unseren persönlichen Glaubensweg hat.

Noah wird in eine Zeit hineingeboren, in der die Menschen sich auf Abwegen befinden und in der die ganze Erde mit Terror und Gewalttat erfüllt ist. Noah aber will den geraden Weg gehen und findet Gnade vor Gott. 120 Jahre warnt er seine Zeitgenossen und macht sie auf die Folgen ihres Wandels aufmerksam. Es wird eine Sintflut vorausgesagt. Noah wird verlacht und verhöhnt.

Hier ist bezeichnend, daß es in der Heiligen Schrift heißt: „Gott sah sich die Erde an: Sie war verdorben.“ Es waren also die Auswirkungen des Egoismus, die zur Sintflut geführt haben. Noah wird nicht nur berufen, ein Prediger der Gerechtigkeit zu sein, um auf die Mißstände aufmerksam zu machen, sondern er soll auch ein Retter und Bewahrer der Schöpfung werden. In dieser Richtung empfängt er von Gott die Anweisung, eine Arche zu konstruieren.

Auf dem trockenen Land baut er sein Schiff, das nach gewissen Berechnungen fast 9000 Quadratmeter Bodenfläche hat. Weit und breit ist kein Wasser zu sehen. Von allen wird er verspottet. Noah wird sehr angetastet, aber er bleibt der inneren Erkenntnis treu. Der Weg, den er als Gottes Weg erkannt hat, dem will er auch folgen, ohne sich von anderen beeinflussen zu lassen.

Gott gibt die Schöpfung in seine Hand, nach der göttlichen Regel: Ich beschütze dich, damit du auch beschützest. Somit sind auch die Tiere in das Rettungswerk eingeschlossen. Die Zeitgenossen Noahs leben gleichgültig und sorglos dahin, unbewußt der drohenden Gefahr. Noah aber, durch Gottes Geist erleuchtet, fühlt deutlich, daß die Sintflut herannaht und geht mit seiner Familie in die Arche. Die Tiere, die zu Noah kommen, nimmt er in der Arche auf. Die Menschen wollen nicht glauben und bleiben der Arche fern. So empfindet Noah, daß nicht das der rechte Weg ist, den die Mehrheit geht, sondern der Weg, den Gott ihm zeigt.

Nach der alle Gewalt auslöschenden Sintflut verläßt Noah die Arche und bringt als erstes Gott ein Dankopfer dar. Gott macht einen Friedensbund mit Noah und sagt: „Siehe, ich richte meinen Bund auf mit euch und euren Nachkommen, auch mit allen lebendigen Wesen bei euch, mit Vögeln, Vieh und allen Tieren der Erde. Dies ist das Zeichen des Bundes, welchen ich stifte zwischen mir und euch und allen lebendigen Wesen, die bei euch sind, auf ewige Zeiten: Meinen Bogen setze ich in die Wolken, der soll ein Zeichen des Bundes sein zwischen mir und der Erde. Wenn es nun geschieht, daß ich Wolken über der Erde sammle, und der Bogen in den Wolken erscheint, dann will ich an meinen Bund gedenken, welcher zwischen mir und euch und allen lebendigen Wesen von allem Fleisch besteht."

So gibt es einen Neubeginn und die Schöpfung kann sich erholen und regenerieren.

Wenn wir noch kurz das zweite Beispiel, das Christus erwähnt, betrachten, so erfahren wir, daß Lot, ein Neffe Abrahams, in Sodom wohnt. Diesen Wohnort hat er sich durch seine egoistischen Interessen selbst gewählt. Neben Sodom ist auch die Nachbarstadt Gomorrha bekannt für ihre Ausschweifungen und ihre Zuchtlosigkeiten.

Als Abraham erfährt, daß Sodom vernichtet würde, bittet er Gott um Gnade. Er fragt, ob die Stadt nicht verschont werden könne, wenn 50 Gerechte darin wären. Und Gott spricht zu Abraham: „Finde ich 50 Gerechte zu Sodom, so will ich um ihretwillen die ganze Stadt verschonen." Aber es ist nicht einmal ein Gerechter in Sodom. Abrahams Neffe Lot, als Halbgerechter, hat alle Mühe, aus der Stadt zu fliehen; seine Frau schafft es nicht mehr.

Wenn wir versuchen, die beiden Begebenheiten auf einen Nenner zu bringen, so fällt uns auf, daß um 50 Gerechter willen, ja sogar um 10 Gerechter willen Sodom bewahrt geblieben wäre. Aber es fand sich niemand. Anders bei Noah. Ihn als Gerechten – von ihm heißt es, daß er untadelig war und seinen Weg mit Gott ging – konnte Gott als Werkzeug verwenden, um die Schöpfung zu bewahren.

Ziehen wir eine Parallele zur heutigen Zeit, so haben wir einen ähnlichen Zustand. Durch Menschenhand und durch Menschengeist steht die ganze Schöpfung in der Gefahr, vernichtet zu werden. Daher der dringende Ruf an alle Christen, sich wie Noah der gegebenen Tatsachen bewußt zu werden und nicht nur Hörer und Bewunderer des Evangeliums zu sein, sondern auch aktive Schützer und Bewahrer der Schöpfung zu werden.

Der Erlöser präzisiert diesen Ruf, wenn er sagt: „Wenn diese Zeit nicht verkürzt würde, dann würde kein Mensch gerettet werden. Doch um der Auserwählten bzw. um der Gerechten willen soll jene Zeit verkürzt werden. Damit kommt wahren Christen eine ungeheure Aufgabe zu. Und wer sind diese Gerechten?

Gerechtigkeit ist nicht eine Frage der Zugehörigkeit zu irgendeiner Kirche oder Denomination, sondern allein die Tatsache, daß man an anderen handelt, wie Gott an uns handelt. Nicht umsonst ermahnt der Erlöser: „Seid barmherzig, wie euer himmlischer Vater barmherzig ist." Barmherzigkeit muß auch gegenüber der Mitwelt und Umwelt zum Ausdruck kommen.

Es ist jetzt notwendig, daß sich Christen als Licht der Welt und als Salz der Erde beweisen. Einige Christen bemühen sich bereits auf einem gemeinsamen Weg. Sie erstreben darin Gerechtigkeit, Frieden und Bewahrung der Schöpfung. Diese Bestrebung muß allumfassend werden. In der Tat, es braucht die Gerechtigkeit, die ein Gleichgewicht ist von empfangener Wohltat und geleisteter Hingabe; es braucht einen wahren Frieden, der eine Frucht der Nächstenliebe ist, und es braucht die Bewahrung der Schöpfung, von der wir ja ein Teil sind. Wer die Schöpfung zerstört, zerstört sich dabei gleichzeitig. Ungerechtigkeit, Unfrieden und Naturzerstörung führen unweigerlich zu einem fatalen Ausgang. Deshalb ist die Herausforderung an uns, Gerechtigkeit und Frieden nicht nur von Mensch zu Mensch, sondern auch zur kreatürlichen Mitwelt zu entwikkeln.

Dann kann ein neuer Bund mit der ganzen Schöpfung geschlossen werden, wie ihn der Prophet Hosea angekündigt hat:

„An jenem Tage will ich auch für sie einen Bund schließen mit den Tieren des Feldes und mit den Vögeln des Himmels und mit allem, was auf Erden kriecht, und will Bogen, Schwert und alles Kriegsgerät im Lande zerbrechen und sie sicher wohnen lassen."

Noch ist es nicht so weit, aber die Verheißung ist gegeben. Die Auserwählten, um derentwillen die Trübsalstage abgekürzt werden sollen, dürfen sich jetzt ihrer Aufgabe und ihrer Verantwortung der gesamten Schöpfung gegenüber bewußt werden.

Finden sich Menschen, die sich gegen
den Geist der Gedankenlosigkeit
auflehnen und als Persönlichkeiten
lauter und tief genug sind, daß die
Ideale ethischen Fortschritts als Kraft
von ihnen ausgehen können,
so hebt ein Wirken des Geistes an,
das vermögend ist, eine neue
Gesinnung in der Menschheit
hervorzubringen.

Albert Schweitzer

Die harrende Schöpfung

Jede ernsthafte Bemühung für die Bewahrung und Rettung des Lebens und die Erhaltung der Schöpfung verlangt ein neues Mitwelt-Bewußtsein der Kirchen und für uns alle ein neues ökologisch-christliches Denken, eine echte ökologische Theologie. Die Versöhnung soll sich nicht nur auswirken zwischen Mensch und Natur, sondern auch zwischen Menschen von arm und reich und zwischen Menschen der verschiedenen Nationen.

Etwa 40 Millionen Menschen sterben jährlich bereits durch den Krieg der Reichen gegen die Armen an den Folgen des von uns mitverschuldeten Hungers. Hier soll die Versöhnung durch Christus Gerechtigkeit wirken. Dies ist, wie schon erwähnt, die erste Forderung eines gemeinsamen Weges in ökologisch-christlichem Denken. Dann soll der Frieden unter den Menschen kommen. Die Naturausbeutung ist gewiß auch eine Folge gesellschaftlicher Verhältnisse, bei der sich Menschen gegenseitig ausbeuten und bekriegen.

Karl Friedrich von Weizsäcker sagte es richtig: „Kein Frieden mit der Natur ohne Frieden unter den Menschen". Deshalb ist Frieden die zweite Forderung des gemeinsamen Weges.

Und die dritte Forderung ist die Bewahrung der Schöpfung. Die Versöhnung von Mensch und Natur fordert sicher ein neues sittliches und ethisches Engagement und damit eine neue Einstellung zu Wissenschaft, Technologie, Industrie und Politik.

Nach Professor Hans Küng müßte dies so aussehen: Wissenschaft ja, aber eine ethische, verantwortbare Wissenschaft. Technologie ja, aber eine der Menschlichkeit des Menschen dienende Technologie. Industrie ja, aber eine die wahren Interessen und Bedürfnisse des Menschen fördernde Industrie. Demokratie ja, aber eine wahrhaftig soziale Demokratie, in der Freiheit und Gerechtigkeit versöhnt sind.

Es braucht also ein neues Mitweltbewußtsein. Bewahrer und Verwalter von Gottes Schöpfung werden niemals das Anvertraute zerstören, nicht Gift in die Luft blasen, nicht Öl ins Wasser gießen und nicht alles asphaltieren und verpflastern.

Wenn wir heute die Umwelt-Bilanz ziehen, dann haben wir einen Zustand, in dem und durch den unzählige Menschen, Tiere und Pflanzen leiden. Die gesamte Natur siecht dahin und geht langsam, aber sicher zugrunde.

Ein empfindliches Alarmzeichen für unsere Zukunft ist die heutige Giftbelastung der Muttermilch. Die Toxikologen Wassermann und Kruse haben in der Muttermilch von schleswig-holsteinischen Frauen ähnliche Gifte gefunden wie in den Robben. Kruse meint: „Aus toxikologischer Sicht ist das Stillen nicht mehr zu empfehlen." Nicht nur die Muttermilch, auch die Kuhmilch ist mit Dioxinen belastet. Dies erinnert uns an ein Wort des Erlösers: „Wehe aber den Frauen, die in diesen Tagen schwanger sind oder ein Kind stillen".

Im Moment sieht es tatsächlich so aus, als wollten Wissenschaft, Technologie, Industrie und Politik von ihrem eingeschlagenen Kurs überhaupt nicht abweichen. Im Gegenteil, Politiker verlangen sogar, daß man sich dem Fortschritt nicht in den Weg stellt. Die Frage ist nur, ob dieser Fortschritt nicht ein Schritt fort von der Natur und vom Leben ist.

Ohne ein Zusammenwirken von Frieden, Ökologie, Mitweltmoral und Schöpfungsethik gibt es keinen Ausweg aus der Krise. Eigentlich muß man sich fragen, welche Hoffnung überhaupt noch für die Schöpfung besteht.

Hier gibt uns der Apostel Paulus im 8. Kapitel des Römerbriefes eine gebührende Antwort. Er erwähnt, daß die gesamte Schöpfung seufzt und leidet und sehnsüchtig wartet auf das Offenbarwerden der Söhne Gottes. Die ganze Schöpfung sehnt sich nach der Befreiung.

Nicht nur die Menschen, auch die Schöpfung soll von der Sklaverei und Verlorenheit erlöst werden zur Freiheit und Herrlichkeit der Kinder Gottes.

In diesem Sinne meint Walter Bodenstein in der Nordelbischen Kirchen-Zeitung: *„Die Kirche muß ihr Ohr öffnen für das Seufzen der geängsteten Kreatur, sie muß ihr Anwalt werden gegen ihre Bedränger, wie es immer ihre Ehre war, für diejenigen einzutreten, deren Stimme nicht gehört wurde. Sie muß es, weil sie allein im Schöpfungsglauben über jene geistige Potenz verfügt, die einen Gesinnungswandel in der modernen Industriegesellschaft herbeizuführen vermag.*

Wenn die Kirche ein Wächteramt in der Gesellschaft beansprucht, dann müßte sie hier ihre Stimme erheben und den christlichen Glauben als den Ruf zur Solidarität mit aller Kreatur geltend machen. In den gesamtkirchlichen Verwaltungsspitzen sollte eine Instanz zu allen außerkirchlichen Gruppen, die sich dafür einsetzen, Beziehungen aufnehmen und mit ihnen zusammenarbeiten.

Das ängstliche Harren der Kreatur wartet auf die Offenbarung der Kinder Gottes, schreibt der Apostel – wie lange noch?“

In der Tat, nach menschlichem Ermessen und nach den Erwägungen der Vernunft wäre sicher nach der heutigen fortschreitenden Umweltbelastung wenig Hoffnung für die Schöpfung und wenig Möglichkeit für den Weiterbestand des Lebens auf Erden. Aber wenn Christus feierlich verheißt, daß um der Gerechten willen die Tage des Chaos abgekürzt werden, dann hat er selber ein Signal für die ökologische Theologie gesetzt. Einer Theologie, die nicht nur den Menschen allein, sondern auch die gesamte Schöpfung mit in die Erlösung einbezieht. Nicht nur die Auserwählten sollen bewahrt werden, sondern durch sie und mit ihnen sollen die Tage der Drangsal abgekürzt werden, damit die Schöpfung nicht vollständig abstirbt.

Der Erlöser ruft also seine wahren Nachfolger, um ihnen durch Gottes Geist, wie einst Noah, die Aufgabe der rettenden Arche zu erteilen. Durch sie sollen die Tage abgekürzt und die Schöpfung bewahrt werden.

In der brüderlichen Zusammenarbeit echter Christen in gegenseitiger Wertschätzung und Achtung auf einem gemeinsamen Weg wird es sicher möglich, das Harren und Sehnen der Kreatur zu stillen und die Wende zur Wiederherstellung herbeizuführen.

Vor dieser großen Aufgabe des Christen zur Bewahrung des Lebens müssen natürlich alle kleinlichen, persönlich-religiösen Auffassungen zurücktreten. Nur in altruistischem Denken und Handeln kann Gottes Geist wirken, segnen und retten.

Daß dieses möglich wird, hat der Prophet Jesaja vorausgesagt und verkündet: „Denn ihr sollt mit Freuden ausziehen und in Frieden geleitet werden; Berge und Hügel sollen vor euch in Jubel ausbrechen und alle Bäume des Feldes in die Hände klatschen. Anstatt der Dornen werden Zypressen wachsen und anstatt der Hecken Myrthen; und das wird dem Herrn zum Ruhm gereichen, zu einem ewigen Denkzeichen, das nicht ausgerottet wird."

Und der 96. Psalm schließt sich dieser Verheißung an:

> *„Es freue sich der Himmel und die Erde frohlocke,*
> *es brause das Meer und was es erfüllt!*
> *Es jauchze das Feld und alles, was darauf ist!*
> *Alle Bäume im Wald sollen alsdann jubeln*
> *vor dem Herrn; weil er kommt,*
> *weil er kommt, die Erde zu richten.*
> *Er wird den Erdkreis richten mit Gerechtigkeit*
> *und die Völker in seiner Treue."*

Vater unser 2000

O Vater unser, der du siehst,
wie sie die Welt zerstören;
hilf, daß die große Wende kommt,
um auf dein Wort zu hören

Dein Name soll besonders jetzt
von uns geheiligt werden,
damit durch uns nicht die Natur
zugrunde geht auf Erden.

Dein Reich muß kommen unbedingt
zum Wohl der ganzen Welt,
der Friede aus dem Vaterhaus
dann seinen Einzug hält.

Dein Wille werde, Herr, erfüllt
im Himmel, auf der Erde,
die ganze Schöpfung wird erlöst:
Ein Hirt und eine Herde.

Schenk uns für unsern Glaubensweg
die Speise, die uns not,
das Manna aus dem Heiligtum
als unser täglich Brot.

Vergib uns unsre große Schuld,
die wir auf uns geladen.
Wir lernen auch vergeben jetzt,
zu decken allen Schaden.

In der Versuchung führe uns,
damit wir ja nicht fallen,
erlöse uns vom Bösen ganz
nach deinem Wohlgefallen.

Dein ist das Reich, die Herrlichkeit,
die Kraft, das große Amen.
Dies hoffen wir und glauben wir,
o Herr, in deinem Namen.

G. A. Ulmer

Literaturverzeichnis

Aktionsgemeinschaft Natur- und Umweltschutz: Wurzeln der Umweltkrise – ethische Gesichtspunkte zum Umweltschutz

Aktuelle Mitteilungen; Komitee gegen den Vogelmord e.V., Aktionsgemeinschaft Natur- und Lebensschutz, Forstweg 68, 1000 Berlin 28, Neuer Wall 26, 2000 Hamburg 36

Aschoff, Dieter, Dr.: „Elektromagnetische Eigenschaften des Blutes"

Atomenergie und Wahrheit, Aktion pro Vita, Informationsblatt

Bild der Wissenschaft Nr. 12, Dezember 1982: Der deutsche Wald stirbt.

Bildwoche Nr. 34: Das Ozonloch macht uns langsam kaputt. 2000 Hamburg 36

Brem, G. R., Dr.: Die GAU Katastrophe; Vita Sana Magazin, Mai/Juni/Juli 1986

Brodeur, P., Mikrowellen – Die verheimlichte Gefahr. Udo Pfriemer Verlag, München (1980).

Bund für Umwelt und Naturschutz Deutschland, Kreisgruppe Rottweil, Thesen zu einer ökologisch verantwortbaren Müllverbrennung

Bundesministerium für Ernährung, Landwirtschaft und Forsten: Waldschäden durch Luftverunreinigung, Landwirtschaftsverlag GmbH, 44 Münster-Hiltrup

Bunte, Sonderdruck: So rotten wir uns selber aus. Burda Druck, Offenburg

Capra, Fridjof: Wendezeit, Scherz Verlag, Bern 1983

Daunderer, M., Dr.: Gesundheitsschaden durch Müllverbrennungsanlagen, Forum des praktischen Allg. Arztes 27 (1988), Nr. 3

Daunderer, M., Dr.: Klinische Toxikologie Ecomed 6. Bd., München 1988

Deutscher Evangelischer Kirchentag: Gerechtigkeit, Frieden, Schöpfung – Schritte zum Konzil; Arbeitsstelle Konzil des Friedens, Postfach 4 80, 6400 Fulda

Die Zeit, Nr. 35, 2. August 1987: Der grüne Tod, Katastrophensommer 87

Die Zeit, Nr. 24, 10. Juni 1988: Schuh/Engler, Die Macht wuchernder Algen

Die Zeit, Nr. 24, 10. Juni 1989: Verdrängen tötet, Handeln hilft.

Duda, Gunther, Dr.: Die Zerstörung und Ausplünderung der Natur. – Verlag Hohe Warte, Franz v. Bebenburg KG, Pähl

Elektrischer Smog, Gefahr für unsere Gesundheit, Das Beste aus Reader's Digest, März 1980; Verlag Das Beste GmbH, 7000 Stuttgart

Endrös, Robert: Die Strahlung der Erde und ihre Wirkung auf das Leben, Paffrath-Verlag, Remscheid

Endrös/Lotz: Standorteinflüsse auf den Lebensprozeß der Organismen, Paffrath-Verlag, 5630 Remscheid

Es geht um dein Leben – die Wahrheit über die Atombombe; herausgegeben vom Magistrat der Stadt Frankfurt

Forschungskreis Elektrobiologie: Hochspannungsleitungen und elektrosensible Risikopersonen. Heft 28, 10/84

Fortschritt für alle, Sonderheft von Erika Herbst, 8501 Feucht, Postfach 93

Fritz/Teufel: 100mal Umwelt, Klipp und klar, Bibliographisches Institut, Mannheim

Gaul, Ewald, Dr.: Atomenergie, oder ein Weg aus der Krise, rororo aktuell, Rowohlt Taschenbuch Verlag 1974

Gaul, Ewald, Dr.: Die Asbest Affaire, UKA-Kritik 138/39 August 89, Gesellschaft für Lebens- und Umweltschutz, 3400 Göttingen

Globus 10–11/88: Bedrohte Atmosphäre – Ozonloch, Globus WDR Redaktion, 5000 Köln 1, BUND, 7000 Stuttgart 1

Globus 4/89: Gentechnik, Erste Freisetzungsversuche, Globus WDR Redaktion, 5000 Köln 1, BUND, 7000 Stuttgart 1

Globus 5/89: Meere in Not, Fischfang – Algen – Tourismus, Globus WDR Redaktion, 5000 Köln 1, BUND, 7000 Stuttgart 1

Graeub, Ralph: Die sanften Mörder, Fischer Taschenbuchverlag GmbH, 6000 Frankfurt, 1974

Greenpeace Hintergründe: Die Ostsee, ein Meer vor dem Erstickungstod; Greenpeace e.V., 2000 Hamburg 11

Greenpeace Hintergründe: Nordsee – zum Sterben verurteilt; Greenpeace e.V., 2000 Hamburg 11

Grießhammer, Rainer: Die Lage nach Tschernobyl, Öko-Mitteilungen, 9. Jahrgang Nr. 3, 1986

Grießhammer, Rainer: Letzte Chance für den Wald, Dreisam-Verlag, Freiburg i. Br. 1983

Gruhl, Herbert: Kreisläufe und Vernetzungen in der Natur und die Umsetzung in die Politik, Heft 28, 10/84

Hartmann, E.: Krankheit als Standortproblem, Haug, Heidelberg (1967)

Hatzfeld, Hermann Graf: Stirbt der Wald? C. F. Müller Verlag, Karlsruhe

Heitler, Walter: Die Natur und das Göttliche, Verlag Klett und Balmer, Zug 1975

Hornsmann, Erich, Dr.: Hätten wir das Wasser nicht. Vereinigung Deutscher Gewässerschutz e.V., 6000 Frankfurt/Main

Illertisser Zeitung, 24. Juli 86: Mehr kranke Menschen in der Nähe von Müllverbrennungsanlagen

Informationen 3, Naturschutz im Garten; Akademie für Naturschutz und Landschaftspflege, 8299 Laufen/Salzach

Jorek, Norbert: Vogelschutz-Praxis; F.A. Herbig Verlagsbuchhandlung, München–Berlin, 1980

Käs, G.: Biologische Wirkungen hochfrequenter Strahlen: Wohnung und Gesundheit 9 (41): 47–49 (1987).

Käs, G.: Einwirkungen schwacher Mikrowellenstrahlung auf biologische Systeme, St. Goar-Gutachten, p. 1–33 (1984)

Katalyse-Umweltgruppe Köln e.V.: Chemie in Lebensmitteln, zweitausendeins

Kimball, John W.: Biologie der Zelle, Gustav Fischer Verlag, Stuttgart

Kollath, Werner: Die Ernährung als Naturwissenschaft, Haug Verlag, Heidelberg.

Komitee gegen den Vogelmord e.V.: Stoppt den Vogelmord in Belgien; 2000 Hamburg 36

Könemann, Ewald: Der Mensch im Reich der Ordnung, Wilh. Braumüller, Wien

König, Herbert L.: Unsichtbare Umwelt. Heinz Moos Verlag, 8000 München, 1975

Kremer, F.: Mikrowellen: eine Gefahr für die Umwelt? Spektrum der Wissenschaft (1): 13–14 (1987)

Kues/Matner, Murach: Saurer Regen, Waldsterben; Verlag Die Werkstatt GmbH, 3400 Göttingen, Lotzestraße 24/7, 1984

Liebmann, Hans: Ein Planet wird unbewohnbar; Verlag R. Piper & Co., München, 1973

Loeckle, Werner, E.: Bewußte Ernährung und gesunde Lebensführung, Novalis Verlag

Lotz, K.E.: Strahlenbiochemische Primärprozesse; Paffrath Verlag, 5630 Remscheid (1975)

Lotz, K.E., Prof.: Willst du gesund wohnen? Paffrath-Verlag, Remscheid, 1977

Malysev, V.M. und Kolesnik, F.A.: Elektromagnetische Wellen hoher Frequenz und ihre Wirkung auf den Menschen (1968), russ.

Menzel, H.M., C. Quecke: Bewertungshilfe für Dioxine Nr. 53, Hess. Landesanstalt für Umwelt 1988

Mesarovic, Milhailo/Pestel, Eduard: Menschheit am Wendepunkt, Deutsche Verlags-Anstalt GmbH, Stuttgart, 1974

Michel, M., Dr.: Müllverbrennung aus naturwissenschaftlicher Sicht, Bund für Umweltschutz, Pirmasens-Zweibrükken

Michelmore, Peter: Wie Gefühle die Gesundheit steuern. Readers Digest, Dezember 1981

Münchner Forschungskreis Erdstrahlen und Gesundheit e.V., Mitteilungen 1/1983

Natur Nr. 3/1983: Naturalien – Smog in Freiburg, Stirbt nach dem Wald nun auch der Boden?

Natur Nr. 7/1983: Die Wasseruhr läuft ab; Haemmerli/Guggenbühl, 8000 München 2, Isartorplatz 5

Natur erleben – Natur verstehen, Verlag Das Beste, Stuttgart

Naturschutz heute, Heft 2/87: Der stumme Frühling rückt näher, Deutscher Bund für Vogelschutz, Am Hofgarten 4, 5300 Bonn

Naturschutz heute, Heft 4/88: Gentechnologie, Deutscher Bund für Vogelschutz, Am Hofgarten 4, 5300 Bonn

Neue Revue, Nr. 39, 19.9.86, Heinrich Bauer Verlag, 2000 Hamburg 1: Unser Schicksal ist die letzte Warnung für die Menschheit (Sünder, Heinz)

Neuer Westeuropäischer Volksmissionsdienst, Rheydt: Verdurstet die Erde?

Neues Denken im Atomzeitalter; Herausgeber: Aktion Sühnezeichen, März 1987, 1000 Berlin 12

Newi, G. et al.: Biologische Wirkungen elektrischer, magnetischer und elektromagnetischer Felder; Export Grafenau (1983)

Nieper, Hans, A.: Revolution in Technik, Medizin, Gesellschaft; Verlag MIT, Oldenburg, 1981

Nürnberger Nachrichten: 7.4.1983: Tötet Radar die Bäume?

Öko-Institut: Saurer Regen, Ursachen, Folgen, Gegenstrategien; Verlag Adolf Bonz, Fellbach

Öko-Institut: Wege aus einer zerstörten Umwelt; Saurer Regen, Verlag Adolf Bonz GmbH, 7012 Fellbach-Oeffingen, 1982

Overmann, Michael: Wasser. Deutsche Verlagsanstalt, 7000 Stuttgart, 1971

Pohl, Gustav, Freiherr von: Erdstrahlen als Krankheits- und Krebserreger. Fortschritt-für-Alle-Verlag, 1978

Presmann, A.S.: Elektromagnetische Felder und belebte Natur; Moskau 1968 (russ.) und New York 1970 (engl.)

Raab-Straub, Albrecht von: Erleben wir das Jahr 2000; Walter Verlag, Olten und Freiburg/Brsg. 1986

Reichelt, Günter: Wie krank ist unser Wald? Aktionsgemeinschaft Natur- und Umweltschutz Baden-Württemberg e.V.

Rose, W.D.: Elektrostreß; Kösel, München (1987)

Rose, Wulf-Dietrich: Wohngifte, Edition Wandlungen, Oldenburg 1984

Rosnay/Ceccatty: Das Buch vom Leben, Biologie, Editions du Seuil, Paris

Schmidt, Gerhard: Kernenergie; Safari-Verlag (Reinhard Jaspert), Berlin 1970

Schulte-Uebbing, Claus: Geobiologie, Eigenverlag, 8000 München
Schulte-Uebbing, Claus: Vorschlag für ein Forschungsprojekt, 8204 Brannenburg/Inn

Schutzgemeinschaft Deutscher Wald: Es geht um Wald und Wasser, Wilhelm Limpert Verlag

Schweizer, Paul: Neue Erkenntnisse zum Verständnis der Geopathie; Haug-Verlag, Heidelberg, 1984

Spiegel Nr. 48/1981: Da liegt was in der Luft

Spiegel Nr. 7/1983: Wir stehen vor einem ökologischen Hiroshima

Steinig, Heinz: Leiden und Siechtum an Hochspannungsleitungen; W+G Heft 30, 6/85

Stern/Bibelriether/Burschel/Plochmann/Schröder/Schulz: Rettet den Wald; Heyne Verlag München

Strohm, H.: Friedlich in die Katastrophe, Dokumentation über Kernkraftwerke, Verlag Association GmbH, Osterstraße 126, 2000 Hamburg 19, 1973

Stuttgarter Nachrichten, 23. August 1986: Überlebensstrategie in den Alpen: Es ist fünf vor zwölf

Südwest-Presse, 1.9.89: Trübe Zukunft für unser Trinkwasser; Südwest-Presse, VS-Schwenningen

Tierschutz und Christentum: Taub für das Seufzen der Kreatur; Verein gegen tierquälerische Massentierhaltung e.V., 2305 Heikendorf 6, Kiel

Todt, Dietmar: Das Leben zwischen Werden und Vergehen, Bertelsmann, Reinhardt Mohn OHG

Ulmer, Günter A.: Ernährung mit Vernunft; G. A. Ulmer Verlag, Postfach 40, 7201 Tuningen

Ulmer, Günter A.: Kleines Umwelt Lexikon; G. A. Ulmer Verlag, 7201 Tuningen

Ulmer/Lotz: Sind Mikrowellenherde Gefahrenherde? G. A. Ulmer Verlag, Postfach 40, 7201 Tuningen

Ulmer, G. A.: Unser Wald darf nicht sterben. G. A. Ulmer Verlag, Postfach 40, 7201 Tuningen

Ulmer, G. A.: Vom wahren Sinn des Lebens; G. A. Ulmer Verlag, Postfach 40, 7201 Tuningen

Ulmer, G. A.: Zauberhaftes Wildseemoor; G. A. Ulmer Verlag, Postfach 40, 7201 Tuningen

Ulmer/Lotz: Einführung in die Bau- und Wohnökologie; G. A. Ulmer Verlag, Postfach 40, 7201 Tuningen, 1986

Vereinigung evang. Buchhändler: Vorträge in Bad Windsheim 1988; Küng, Hans: Religion im Epochenumbruch

Verlag Kölner Volksblatt: Saurer Regen, Ursachen, Folgen, Gegenmaßnahmen

Venzky, Gabriele: Die nächste Krise heißt Hunger; Die Zeit 31, Mai 1974

Volkrodt, W.: Elektromagnetische Wellen als Ursache für ständiges Ohrenrauschen; Wohnung und Gesundheit 9 (41): 42–46 (1987)

Wahlert, Gerd von: Verantwortung für die Schöpfung; Quell Verlag Stuttgart, 1987

Weghorn, Martin: 1000 Fragen zur Umwelt; Econ-Taschenbuchverlag, Düsseldorf, 1985

Weinzierl, Hubert: Das große Sterben; Gersbach und Sohn Verlag, München

Weiser, Gerhard: Unser Leben zwischen Natur und Technik; Verlag Bonn Aktuell GmbH, 1979

Weltbund zum Schutz des Lebens: Gefährdete Schöpfung; Bircher-Benner Verlag, Bad Homburg v. d. H.

Die Frage nach dem wahren Sinn des Lebens stellt sich heute brennender denn je. Die Menschheit steht vor den Gefahren einer Vernichtung durch nukleare, chemische und biologische Waffen, großer Umweltkatastrophen, der Hungersnot und der Umwelt- und Inweltvergiftung.

Gibt es aus dieser beängstigenden Lage überhaupt eine Aussicht auf Befreiung? Wo ist der Ausweg? Worin liegt noch der eigentliche Sinn unseres Daseins? Worin gründet eine Hoffnung für die Zukunft?

Vor über vierzig Jahren erkannte Professor Albert Einstein, daß in unserer heutigen Zeit ein neues Denken eingreifen müsse, da die Atomenergie alles verändert habe, nur unsere Denkweise nicht. Eine grundlegende Umerziehung menschlichen Denkens sei nicht zu umgehen.

In diesem Buch wird anhand biblischer Beispiele der Versuch unternommen, ein Modell für ein neues Denken zu zeigen, das ökumenisch und ökologisch sein muß und die Grundlage für eine Zukunft des Friedens bietet.

INHALT

128 S., 17 Abb., brosch.
ISBN 3-924191-03-4 DM 16,80